JN295982

ライブラリコンピュータユーザーズガイド＝4

ネットワーク利用の基礎
［新訂版］
―インターネットを理解するために―

野口　健一郎＝著

サイエンス社

Windows は米国 Microsoft 社の商標です．
UNIX は The Open Group の登録商標です．
その他，本書で記載している会社名，製品名は各社の登録商標または商標です．
本書では，Ⓡと™は明記しておりません．

サイエンス社のホームページのご案内
　　http://www.saiensu.co.jp
ご意見・ご要望は　rikei@saiensu.co.jp　まで．

はじめに（新訂版）

　本書の初版はインターネットの普及が驚くべき勢いで進行していた1999年に出版された．2000年以降になり普及はさらに進むとともに，インターネットへの高速（ブロードバンド）での接続が普通になり，また携帯電話からもインターネットが利用できるなど，より便利に利用しやすくなった．社会および生活におけるインターネット利用が本格化してきており，21世紀のネット社会が始まったといえる．

　1999年以降インターネットの基本の技術はそれほど変化していない．しかし，インターネットへの接続技術やインターネットを利用する技術が進化してきている．本新訂版はこれらの技術の進化・発展を反映することを目的として，初版と同様の方針で執筆した．

● 進歩・変化の激しいコンピュータ・ネットワーク技術について，インターネット技術のできるだけ最新の状況に基づき説明する．

　光ファイバやADSLなどのブロードバンド技術，無線LAN，ウェブの新技術，ネットワークのセキュリティなどの説明を追加あるいは強化した．また，インターネット関連規格の最新の状況を反映させた．

● 基礎的な事項をできるだけ平易に解説する．

　全体的に説明を補い，より理解しやすくなるようにした．

　21世紀のネット社会が健全なものとして発展していくためには，できるだけ多くの人が，インターネットについて技術の内容を正しく理解した上で利用するようになることが望まれる．また情報通信技術に携わる人は，技術をよりよい方向へ発展させていく役割を担っている．それらのために，本書が多少でも資することになれば幸いである．なお，出版について初版に引き続きお世話になった（株）サイエンス社田島伸彦編集部長と鈴木綾子氏に感謝します．

2005年8月

野口健一郎

はじめに

　コンピュータの進歩と通信技術の進歩とがあいまって，我々の社会および生活に大きな変化がもたらされつつある．特に1990年代後半に入り，世界規模のコンピュータ・ネットワークであるインターネットが驚くべき勢いで普及してきており，いわゆるネット社会が到来しようとしている．

　コンピュータ・ネットワークを有効に利用するには，かなり多岐にわたる技術的知識が必要になる．本書は，それらを解説することを目的とし，次の方針にしたがって執筆した．

● コンピュータ・ネットワークを有効に利用するために理解しておくべき基礎的な技術項目を，できるだけ平易に解説する．理解を助けるために図表も多く用いる（図表は原則として右頁にまとめてある）．

● 内容は，多くの利用者にとっての実際のネットワークであるインターネットに即して説明する．コンピュータをネットワークに接続する上で利用者が意識しなければならない事項から，代表的な利用方法までをカバーする．

● コンピュータ・ネットワーク技術の進歩・変化は著しいので，できるだけ最新の状況に基づき説明する．

● 多岐にわたるコンピュータ・ネットワークの技術は，全体を階層構造として整理することができる．本書も，それにしたがい，整理して説明する．

　本書は理工系の学生や技術者のためのコンピュータ・ネットワークの教科書として，また情報科学や情報工学専攻の学生にはコンピュータ・ネットワーク入門の教科書として使用できる．授業で用いる場合は，章の順番を入れ替えたり，一部の章（12章や13章）をスキップしてもよいだろう．

　筆者は，1970年代の後半に大学間コンピュータ・ネットワーク（N-1ネットワーク）のためのソフトウェア開発に関わり，その後1980年代の中頃以降OSI（開放型システム間相互接続）の標準化・実用化にも深く関与した．今後コンピュータ・ネットワークが，社会や生活をよりよいものにするために，健全に発展していくことを願っており，本書が多少でもそれに資するものになれば望外の幸せである．なお，本書の執筆をお奨めいただいた神奈川大学小国力教授，本書の出版についてお世話になった（株）サイエンス社田島伸彦課長に感謝します．

1999年8月

野口健一郎

目　次

第1章　ネットワークとデジタル通信
- 1.1　ネットワーク　　　2
- 1.2　コンピュータ・ネットワークの利点　　　4
- 1.3　ビットの伝送　　　8

第2章　データの符号化
- 2.1　デジタル・データの利点　　　14
- 2.2　文字テキスト　　　16
- 2.3　画　像　　　20
- 2.4　音声・音楽　　　22
- 2.5　映　像　　　24
- 2.6　マルチメディア文書　　　24

第3章　ネットワークの構成
- 3.1　伝送媒体　　　28
- 3.2　通信機器　　　30
- 3.3　ネットワークの形状　　　34
- 3.4　ネットワークの種類　　　36

第4章　ネットワークの約束事：プロトコル
- 4.1　コンピュータ同士がつながるために　　　40
- 4.2　プロトコルの階層構造　　　42
- 4.3　プロトコルの体系＝ネットワーク・アーキテクチャ　　　46

第5章　コンピュータ間の通信接続

- **5.1** 通信回線を実現するもの　　50
- **5.2** 通信回線上のデータ伝送の実現　　56
- **5.3** 主要なデータリンク・プロトコル　　62

第6章　ローカルエリア・ネットワークを介した接続

- **6.1** LANプロトコルで考慮すべきこと　　66
- **6.2** LANプロトコルの位置付け　　66
- **6.3** 主要なLAN　　68
- **6.4** 無線LAN　　76
- **6.5** LAN間の接続　　78

第7章　インターネットワーク

- **7.1** ネットワークの成立ち　　80
- **7.2** インターネットワークを介した通信のための約束事　　80
- **7.3** 主要なインターネットワーク・プロトコル　　86
- **7.4** 経路制御　　88

第8章　トランスポート・サービス

- **8.1** アプリケーション間の通信のための通信路　　96
- **8.2** アプリケーション間の通信路実現のための約束事　　98
- **8.3** 主要なトランスポート・プロトコル　　100
- **8.4** トランスポート・サービスの具体化　　104

第 9 章　インターネット

- 9.1　インターネットとは ……………………………………… 108
- 9.2　インターネットの構成 …………………………………… 108
- 9.3　インターネットへの接続 ………………………………… 110
- 9.4　インターネットの番地付け：IP アドレス …………… 114
- 9.5　ホストの名前：ドメイン名 ……………………………… 118
- 9.6　イントラネット …………………………………………… 122

第 10 章　電子メール

- 10.1　インターネットの電子メールの形式 ………………… 124
- 10.2　電子メールの配達の仕組み …………………………… 128
- 10.3　電子メールの使い方 …………………………………… 132
- 10.4　電子メール利用上の注意点 …………………………… 134

第 11 章　ワールドワイドウェブ（WWW）

- 11.1　WWW の構成 …………………………………………… 138
- 11.2　WWW のドキュメント ………………………………… 138
- 11.3　ウェブ・ドキュメントへのアクセス ………………… 142
- 11.4　WWW のプロトコル …………………………………… 146
- 11.5　ホーム・ページの作成 ………………………………… 148
- 11.6　ウェブの利用の拡大 …………………………………… 150

第 12 章　ファイル転送とリモート・ログイン

- 12.1　ファイル転送（FTP） …………………………………… 152
- 12.2　リモート・ログイン（TELNET） …………………… 154
- 12.3　安全なリモート・ログインとファイル転送 ………… 156

第13章　ネットワーク・プログラミング
- 13.1　対等（ピア・ツー・ピア）通信 …………………………… 158
- 13.2　クライアント・サーバ方式 ……………………………… 162
- 13.3　分散オブジェクト ………………………………………… 164
- 13.4　Java アプレット …………………………………………… 166
- 13.5　XML とウェブ・サービス ………………………………… 168

第14章　ネットワークのセキュリティ
- 14.1　安全性を脅かす要因 ……………………………………… 174
- 14.2　通信路の安全性 …………………………………………… 174
- 14.3　暗号技術とその利用 ……………………………………… 176
- 14.4　不正プログラム …………………………………………… 186
- 14.5　ファイアウォール ………………………………………… 190

第15章　社会生活におけるネットワーク利用の拡大
- 15.1　通信基盤としての利用 …………………………………… 192
- 15.2　電子商取引 ………………………………………………… 192
- 15.3　仮想組織 …………………………………………………… 196
- 15.4　ネットワークの健全な発展に向けて …………………… 200

参考図書　　　　　　　　　　　　　　　　　　　201

索　引　　　　　　　　　　　　　　　　　　　　202

第 1 章
ネットワークとデジタル通信

　コンピュータ・ネットワークでは，コンピュータ同士が通信回線（または通信網）を介してデジタル・データをやりとりする．コンピュータ・ネットワークは，データの伝達に時間遅れが無い，文字，音声，画像などさまざまなデータが扱えるなど多くの利点を持っており，コンピュータ同士の情報交換のためだけではなく，人間同士のコミュニケーションのための強力な手段でもある．本章ではコンピュータ・ネットワークの概要を述べる．また，デジタル・データの基本単位であるビットが通信線の上を伝送される原理について述べる．

> 1.1　ネットワーク
> 1.2　コンピュータ・ネットワークの利点
> 1.3　ビットの伝送

1.1 ネットワーク

ネットとネットワーク　ネット（net）とはもともと英語で網を意味する．ではネットワーク（network）のもともとの意味は何か？　英語の辞書にあたると，「線，管，道路などが相互に交差し，または結合された網状の組織」といった説明が出てくる．これは，数学的にはグラフと呼ばれるものと同等である．グラフとは点（**ノード**）とそれを結ぶ線（**リンク**）とから構成される図形である（図 1.1）．

コンピュータ・ネットワークとは　コンピュータ・ネットワークも，上で述べたネットワークの説明にあてはまる．コンピュータ・ネットワークとは，複数のコンピュータが通信回線を介して相互に接続されたシステムである（図 1.2(a)）．通信回線の部分を通信網（通信ネットワーク）で置き換えて，複数のコンピュータが通信網で結ばれたシステムである，とみても良い（図 1.2(b)）．

コンピュータ間では，相互にデータ（デジタル・データである）を交換しあう．交換されたデータは各コンピュータで処理され，あるいは蓄積される．コンピュータと通信が結合したことにより，高度な情報処理が可能になった（図 1.3(a)）．コンピュータ・ネットワークを利用する人間の立場からは，コンピュータ・ネットワークによって，遠隔地の人との情報交換や，遠隔地のコンピュータに蓄積されている情報へのアクセスが容易に行えるようになった．さらに遠隔地のコンピュータによって提供されるさまざまなサービスも享受することができる（図 1.3(b)）．

なお，コンピュータ・ネットワークのことを，単にネットワークということもある（本書の書名もその例である）．

インターネット　世界中のコンピュータを結合している巨大なコンピュータ・ネットワークがインターネットである．インターネットとはネットワークのネットワークを意味している（詳細は本書で述べていく）．私達の社会や生活はインターネットによって大変便利になった．単にコンピュータが繋がるだけでなく，携帯電話等も繋がる．電話の通信やテレビの放送などもインターネットの中に統合化・融合化されていこうとしている（5 頁図 1.4）．

なお，インターネットを略してネットと呼ぶことも行われている．

1.1 ネットワーク

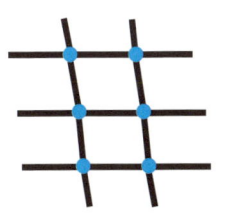

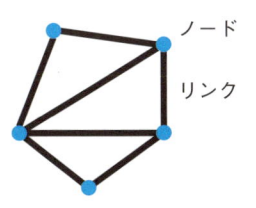

(a) ネット＝網

(b) ネットワークの数学的表現（グラフ）

図 1.1 ネットとネットワーク

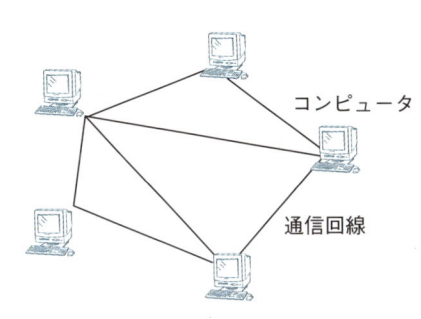

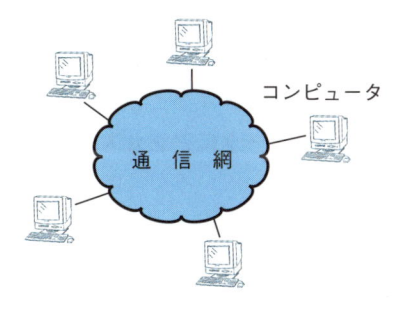

(a) 通信回線で結合

(b) 通信網で結合

図 1.2 コンピュータ・ネットワーク

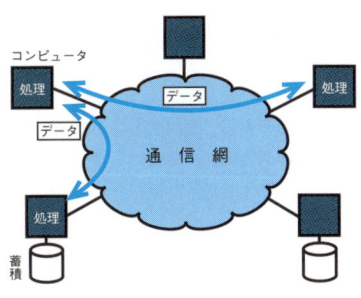

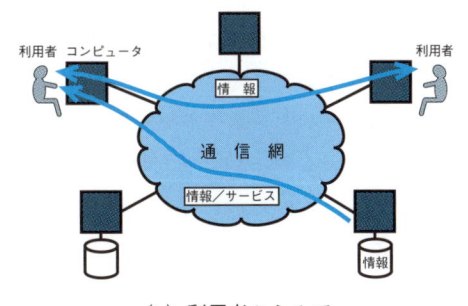

(a) コンピュータからみて

(b) 利用者からみて

図 1.3 コンピュータ・ネットワークの見方

1.2 コンピュータ・ネットワークの利点

利点 コンピュータ・ネットワークの利点を挙げる．

> (1) **データの伝達に時間遅れが無い．**
> 　少量のデータなら，文字通り瞬時に相手のコンピュータに届く．
> (2) **距離の制約が無い．**
> 　地球上でどんなに離れていても，データが瞬時に届く．
> (3) **国境が無い．**
> 　インターネットにより地球規模の通信が実現されている．データは国境を飛び越えて届く．
> (4) **マルチメディアが扱える．**
> 　文字, 音声, 画像など種々の形態のデータやそれらの混合データを扱える．
> (5) **生のデータにアクセスできる．**
> 　世界中のいろいろな最新データにオンラインでアクセスすることができる．
> (6) **誰でも容易に情報発信ができる．**
> 　個人が世界に向けて情報発信することも容易である．

(5), (6)などにより，コンピュータ・ネットワークは，情報の配布手段として印刷技術の次の革命的技術になる可能性がある．

> (7) **コンピュータ・ネットワークは人間同士のコミュニケーションのための強力な手段である．**
> 　コンピュータ・ネットワークにより，電話型の1対1，放送型の1から多へのコミュニケーションだけでなく，さらにさまざまなモードでのコミュニケーションが可能になる（図 **1.5**）．
> (8) **どこからでも使える．**
> 　ネットワークに接続されたコンピュータさえあれば，どこからでも（どこにいても）コンピュータ・ネットワークを介したコミュニケーションが可能になる．在宅で仕事をしたり，さらに好きな場所で仕事をしたりすることができるようになる．

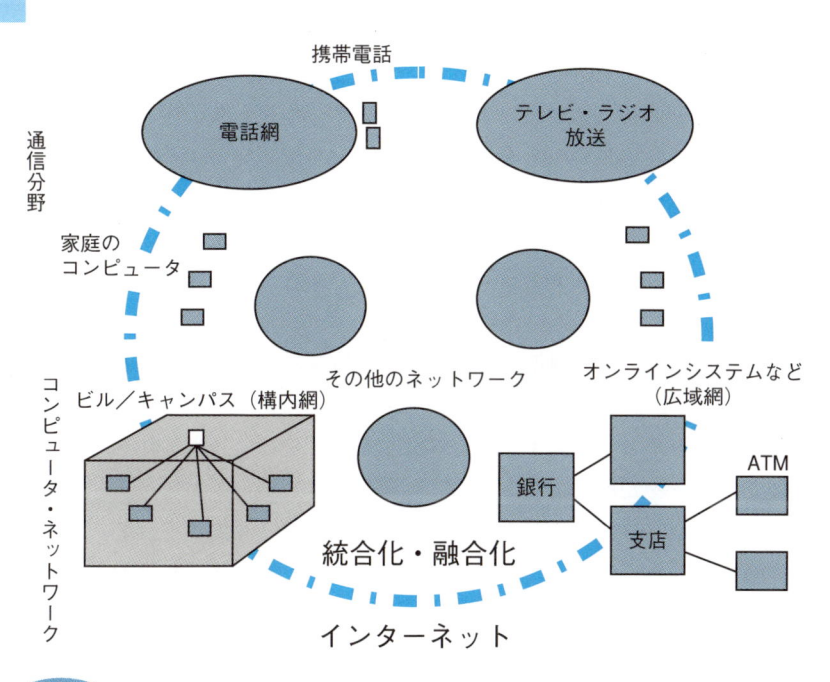

図 1.4 インターネットによる通信分野とコンピュータ・ネットワークの統合化・融合化

(a) 1対1　　(b) 1から多へ　　(c) グループ内

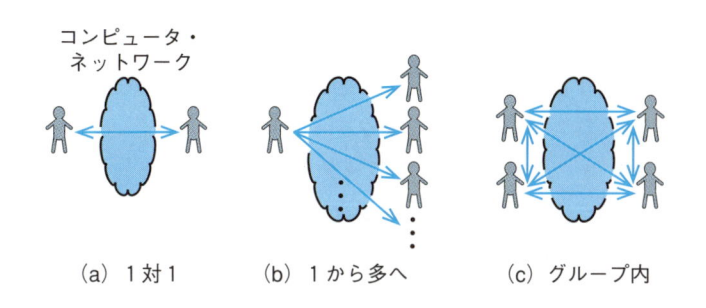

図 1.5 コンピュータ・ネットワークによるコミュニケーション

その他の特徴　コンピュータ・ネットワークのその他の特徴を挙げる．

(1) **技術の進歩が急である．**

　特に通信速度が飛躍的に向上してきている（**図1.6**）．コンピュータの性能向上および低価格化とあいまって，インターネットやイントラネットが社会に急速に浸透しつつある．

(2) **通信は人間からは直接見えない．**

　コンピュータ間でやりとりされる通信回線上のデータは，コンピュータによってコード化されたデジタル・データである．また，通信のためにやり取りされる制御情報も，やはりデジタル・データである（**図1.7**）．

(3) **標準の接続方法（標準の言葉，ただしコンピュータのための）が必要である．**

　通信はコンピュータ同士がいわば会話をすることで達成される．すべてのコンピュータが同じ言葉を話し，理解することで，コンピュータ・ネットワークは成立する．この前提として，接続方法（通信のインタフェース，それはコンピュータ同士が会話するための言葉であり**プロトコル**と呼ぶ，**図1.7**）の標準化が必要である．

(4) **多様な通信技術および利用技術を含んでおり，今後もそれらの技術が進歩・発展していく．**

　(3),(4)は一見矛盾するように思われるかもしれない．これらを両立させるための解決策は，標準の接続方法（標準のプロトコル）を体系化し，拡張が容易にできるようにすることである．コンピュータの分野では，体系化された標準インタフェース群のことを**アーキテクチャ**と呼ぶ．コンピュータ・ネットワークではそのアーキテクチャ（**ネットワーク・アーキテクチャ**）が重要である（**図1.8**）．すなわち，プロトコルの体系がコンピュータ・ネットワークの根幹の仕組みである．これはインターネットにおいてもあてはまる．インターネットにおいても，いわば部品の位置付けにある多くのプロトコルが標準として決められていて，それらが全体として階層的な体系を構成している．本書の説明の中心は，インターネットのプロトコルの体系とそれぞれのプロトコルである．

1.2 コンピュータ・ネットワークの利点

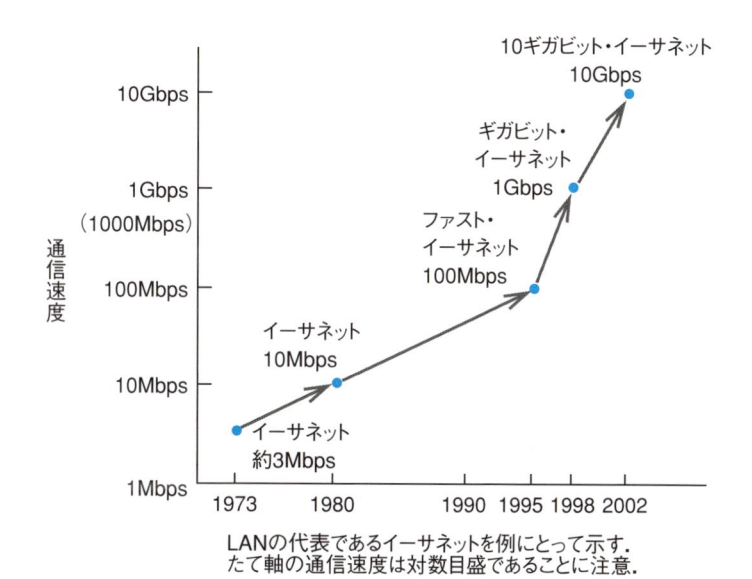

図1.6 通信速度の飛躍的向上

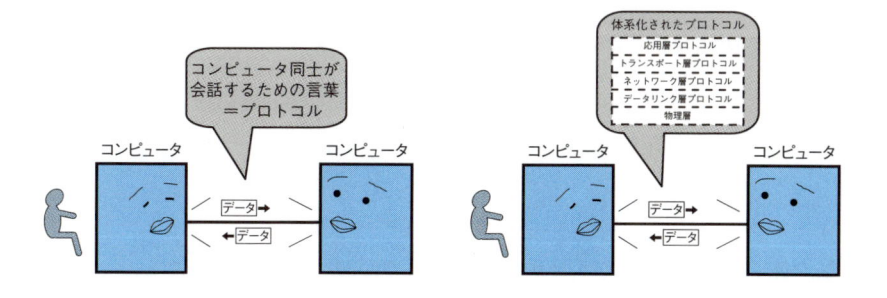

LANの代表であるイーサネットを例にとって示す．
たて軸の通信速度は対数目盛であることに注意．

図1.7 通信は人間からは直接見えない

図1.8 体系化された接続方法（プロトコル）
＝ネットワーク・アーキテクチャ

1.3 ビットの伝送

ビット信号の表し方　デジタル・データは，実際には 0 と 1 の 2 進数（バイナリ・データ）として表現される．デジタル・データを通信線上を伝送するためには，まず 0 と 1（すなわちビット）を電気信号として表現する必要がある．
- 0 と 1 の区別：電圧レベルで区別する．
- ビット同士の区別：電圧の持続時間で区別する．

これには図 1.9 に示すような方法がある．

ビット信号の伝送　ビット信号を伝送するときの**伝送速度**は単位時間内の伝送ビット数で定義される．次の単位が使われる．

ビット／秒	bits per second (**bps**)
千ビット／秒	kilo bits per second (**kbps**)
百万ビット／秒	mega bits per second (**Mbps**)
十億ビット／秒	giga bits per second (**Gbps**)

通信線内を伝わる電気の速さはおよそ光の速さの 2/3，すなわち 200,000 km/s である．しかしビットの伝送には時間がかかる．その理由はビットを表す電圧の持続時間 y にある．

$$\text{ビットが伝わる時間} = \text{電気が伝わる時間} + y$$

ビット伝送速度はビットを連続伝送したときの単位時間内の伝送ビット数であり，電圧の持続時間 y の逆数である．

$$\text{ビット伝送速度} = 1/y$$

電気の速さに電圧の持続時間 y を掛けたものがビットの波長である．

$$\text{ビットの波長} = \text{電気の速さ} \times y$$

図 1.10 に，異なる波長のビット信号が同じ距離を伝送される様子を示す．ビットの先頭が相手に届くまでの時間は波長に関係せず同じであるが，1 ビットが届き終わるまでの時間は電圧の持続時間 y によっている．

1.3 ビットの伝送

ビット 0 1 0 1 1 0

x V
0 V
y sec

(a) 方法1

ビット 0 1 0 1 1 0

x V
0 V
$-x$ V
y sec

(b) 方法2

図1.9 ビット信号の表し方

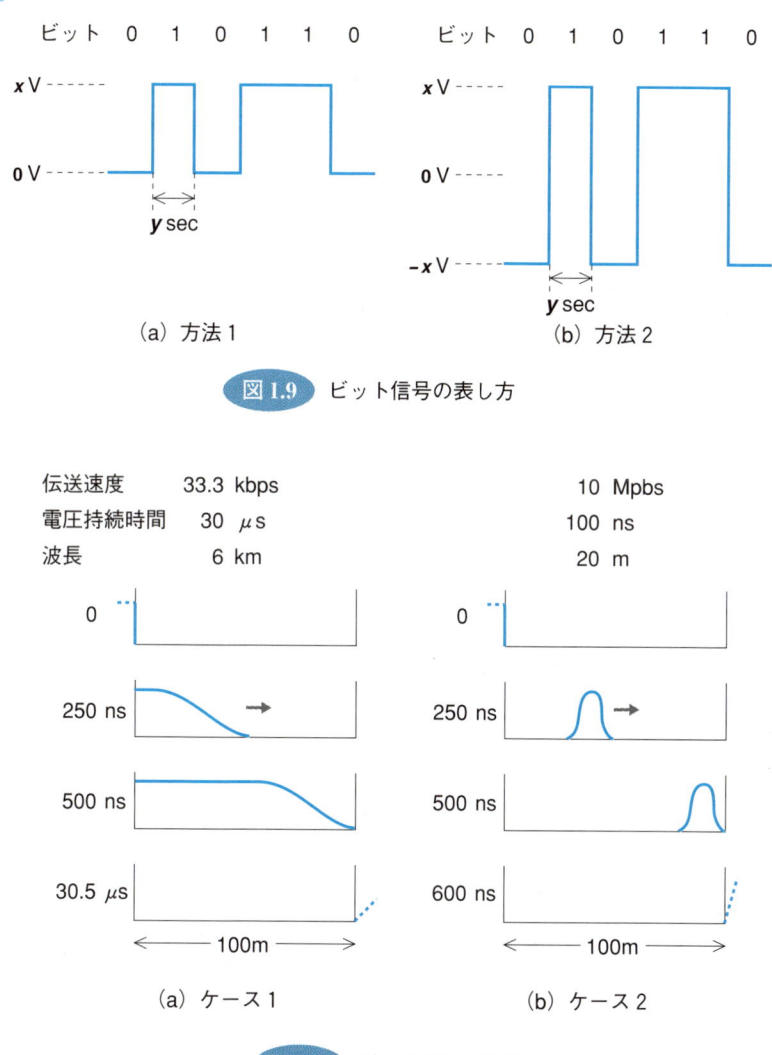

伝送速度	33.3 kbps		10 Mpbs
電圧持続時間	30 μs		100 ns
波長	6 km		20 m

0
250 ns
500 ns
30.5 μs
←100m→

(a) ケース1

0
250 ns
500 ns
600 ns
←100m→

(b) ケース2

図1.10 ビット信号の伝送

ビット伝送速度の限界　通信線上をビット伝送すると，
- 完全なビット波形（矩形波）は送ることができず，信号の波形が歪む．
- 電気抵抗などによって，距離とともに信号が弱まる．

従って，
- 電圧持続時間 y をある程度大きく保たねばならない（= 伝送速度に限界がある）．
- 伝送可能距離にも限界がある．

　これらの限界は伝送媒体によって決まる．

完全な矩形波を送ることができない理由　伝送媒体はその物理的特性によりアナログの正弦波を伝送できる周波数の範囲が決まっている（その範囲では信号の減衰が少ない）（図 1.11）．なお周波数の範囲を**周波数帯域**または**帯域**という．

　矩形波は周波数の異なる正弦波を無限に足し合わせたものとして表せる（フーリエ変換による）（図 1.12）．完全な矩形波を送るには無限の周波数帯域が必要になる．しかし伝送媒体の周波数帯域は有限であり，その範囲内の周波数成分だけが伝送でき，その範囲を越えた周波数成分は伝送できない．従って波形が歪む（図 1.13）．

周波数帯域とビット伝送速度の関係（ナイキストの定理）　周期 T 秒で繰り返す矩形波を考える．これで送れるビット数は T 秒あたり 2 ビットなので，ビット伝送速度は

$$b = 2/T \text{ bps}$$

となる．また，この矩形波の最低の周波数成分は

$$f = 1/T \text{ Hz}$$

である．矩形波でさまざまなビットのパターンを送るには 0 から f までの周波数帯域が最低必要である．以上より，次の**ナイキストの定理**が成り立つ．

> b bps のビット信号を送るのに最低必要な周波数帯域は
> $$f = b/2 \text{ Hz}$$
> である（ただし，信号レベルが 2 レベルだけの 2 値信号の場合）．これより帯域幅が狭い伝送媒体では b bps のビット信号は送れない．

1.3 ビットの伝送

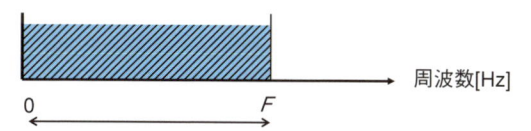

この範囲（周波数帯域または帯域）の波は送れる．
（下限の周波数は0より大きいこともある．）

図1.11 伝送媒体の伝送可能周波数帯域

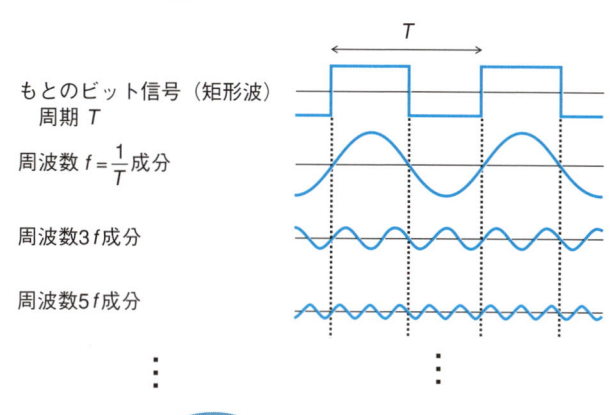

もとのビット信号（矩形波）
周期 T

周波数 $f = \dfrac{1}{T}$ 成分

周波数 $3f$ 成分

周波数 $5f$ 成分

図1.12 矩形波とその周波数成分

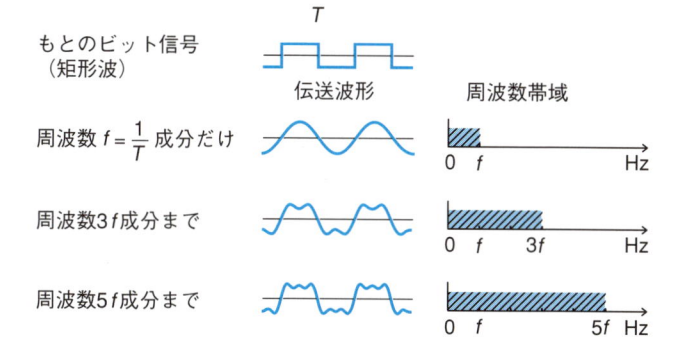

もとのビット信号
（矩形波）

伝送波形　　周波数帯域

周波数 $f = \dfrac{1}{T}$ 成分だけ

周波数 $3f$ 成分まで

周波数 $5f$ 成分まで

図1.13 周波数帯域と伝送波形

その他 ブロードバンドという言葉は広い周波数帯域という意味で（バンド＝帯域），ビット伝送速度が速いことと同義である．

　伝送方式によっては 0 から始まる帯域幅 F を使うのでなく，信号を高い周波数 C に乗せて（そこでの帯域幅 F を使って）通信することがある．このとき，周波数 C を**搬送波（キャリア）**と呼ぶ．

第2章
データの符号化

　デジタル化されたデータはアナログ・データと比較してさまざまな利点を持っており，それがコンピュータ・ネットワークの利点にもつながっている．本章ではデジタル・データの利点と，さまざまなデータ—文字データ，画像（静止画），音声・音楽，映像（動画）など—がどのようにして0と1からなるデジタル・データとして表現されるかについて述べる．

2.1　デジタル・データの利点
2.2　文字テキスト
2.3　画　像
2.4　音声・音楽
2.5　映　像
2.6　マルチメディア文書

2.1 デジタル・データの利点

コンピュータ・ネットワークを使ってコンピュータ間でやりとりされる情報は，数字に還元された情報，すなわち**デジタル情報**である．デジタル情報（通信や蓄積の観点からは**デジタル・データ**）には，アナログ情報とは本質的に違う利点がいくつかある（なお，アナログ，デジタル情報と機器の例を**表 2.1** に示す）．

> (1) **通信，コピー，蓄積等をしても元の情報が保たれる．**
> 　時間が経過しても，またコピー等をしても，情報が劣化しない．
> (2) **蓄積，保管が容易である．**
> 　記憶媒体の記憶容量および記録密度とも進歩が著しく，大量の情報の保管も容易になった．
> (3) **高速の伝送が可能である．**
> 　通信速度の向上は著しく，今後さらに向上していく見通しである．これについては本書で説明してゆく．
> (4) **多種類のデータを混ぜ合わせることが容易である．**
> 　文字情報だけでなく，画像情報や音声情報などを統合した，いわゆるマルチメディア・データが容易に実現される．
> (5) **コンピュータでの「処理」が容易である．**
> 　蓄積や通信の信頼性の確保のための誤り（エラー）検出・訂正処理，蓄積や通信のデータ量を大幅に減少させるためのデータ圧縮，マルチメディア・データの実現，それに次に述べるヘッダの処理など，コンピュータでの「処理」が前提になって実現されている．
> (6) **データに関するデータを付加することが容易である．**
> 　データに対して，その種類や属性を付加データとして与えることにより，データに対する操作や加工がいろいろできるようになる．この付加データは**ヘッダ**と呼ばれる（**図 2.1**）．

コンピュータ・ネットワークにおける通信の実現も，ヘッダ情報が根幹となっている．これは本書で詳しく述べてゆく．

2.1 デジタル・データの利点

表2.1 アナログとデジタル（情報および機器の例）

アナログ 〰	デジタル 01100100…
ものさしで測る量	数値に直した量
──	文字情報（本質的にはデジタル）
レコード	コンパクトディスク（CD）
写　真	デジタル写真
電　話	電話音声のデジタル化
ラジオ（AM/FM）	──
テレビ，ビデオ	デジタル・テレビ，DVD
──	コンピュータ
──	コンピュータ・ネットワーク

| ヘッダ | データ |

ヘッダ＝データに関するデータ（データの種類や属性など）

図2.1 データおよびヘッダ

2.2 文字テキスト

文字のコード化 文字をデジタル・データとして扱うために，各文字を数字に対応させて表す．これを**文字コード**という．文字コードの大きさは表現すべき文字の種類によっている．

英語の文字の種類	＜ 128	… 7 ビットで表現可能
日本語の通常使う文字の種類	＜ 16384	… 14 ビットで表現可能

ただし，バイトの区切りに対応させた方が便利なので，たとえば日本語の文字コードには 2 バイト（16 ビット）を使用する．

文字テキストは文字コードの連なりで表される．

基本の文字コード 国ごとに，あるいは地域ごとに基本の文字コードが標準化されている．そのような標準化された文字コードは**国際標準化機構（ISO）**が定めたルールに従い，国際的に登録もされている．代表的な国・地域の文字コードを図 2.2 に示す．

- **ASCII** は米国の標準文字コードであり，正式名は American Standard Code for Information Interchange という．
- 西欧言語用の文字コード **ISO 8859-1** は ISO によって定められたものである．これは先頭ビットが 0 のときは ASCII コードと合致している．
- 日本で普通に使われる文字は**情報交換用符号化漢字集合**という**日本工業規格（JIS）**になっている（その番号が **X 0208**）．これは 16 ビット（実際にはそのうちの 14 ビットだけ使用）コードである．さらに追加の漢字が補助集合（**JIS X 0212**）として定められている．

ISO では，各国・地域の文字を混ぜ合わせて使う方法も定めている（その規則を ISO 2022 という）．ただし，これは文字コードの切替えを指示する制御用のコードを挟み込むやり方であり，やや複雑である．

実用の文字コード コンピュータ技術は主に米国で生まれ，育ってきたこともあって，実用上は日本語文字コードと ASCII コードとを混在して使えないと不便である（JIS X 0208 には英語のアルファベット用のコードも定められているが，16 ビット・コードとしてであり，ASCII コードとは異なる）．この要求

2.2 文字テキスト

```
英語アルファベット          西欧言語用文字              日本で使用する文字
   （米国用）               A, a, ç, Ë, …            日, 本, 語, あ, い, う, …
   A, a, $, …
```

　　7ビット　　　　　　　　8ビット　　　　　　　16ビット（実質14ビット）

　　ASCII　　　　　　　ISO 8859-1　　　　　　　　JIS X 0208
　　　　　　　　　　　　　(Latin-1)

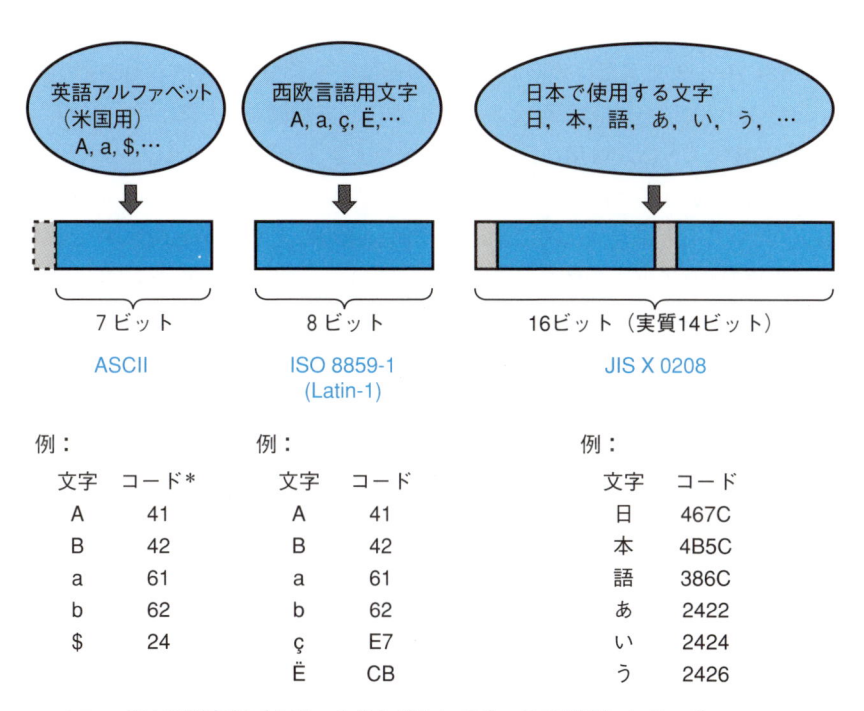

例：　　　　　　　　　例：　　　　　　　　　　　例：
文字　コード*　　　　　文字　コード　　　　　　　文字　コード
A　　 41　　　　　　　A　　 41　　　　　　　　　日　　467C
B　　 42　　　　　　　B　　 42　　　　　　　　　本　　4B5C
a　　 61　　　　　　　a　　 61　　　　　　　　　語　　386C
b　　 62　　　　　　　b　　 62　　　　　　　　　あ　　2422
$　　 24　　　　　　　ç　　 E7　　　　　　　　　い　　2424
　　　　　　　　　　　Ë　　 CB　　　　　　　　　う　　2426

＊コードは16進表記（4ビットを1桁として0〜Fで表現）している．

図 2.2　代表的な国・地域の文字コード

を満たすために，三つの方法が広く使われている（図 2.3）．
- **シフト JIS**：日本のパソコン用の文字コードとして作られたもので，パソコンを中心に広く普及している．ASCII コード部分は，これに相当するローマ字用の JIS 規格（JIS X 0201 のラテン文字集合の部分）に従っているので，厳密には ASCII と 2 文字だけ差がある．日本語コード部分は，JIS X 0208 の文字を，JIS X 0201 コードの部分をよけるようにして配置している．
- **EUC-JP**：UNIX OS 用に，アジア地域の文字コードと ASCII コードとを整然と混ぜ合わせることができるように考え出されたのが EUC（Extended UNIX Code）という仕組みである．これを日本語に適用したものが EUC-JP である．EUC-JP ではバイトの先頭ビットが 0 のときは，そのバイトのコードは ASCII（または X 0201 ラテン文字）であり，またバイトの先頭ビットが 1 のときは，相続く 2 バイトの 7＋7 ビットが JIS X 0208 になっている．
- **ISO-2022-JP**：インターネットの電子メール（これは 7 ビット ASCII コードを前提に作られている）で日本語も使えるようにするため考案された．ASCII コード列と JIS X 0208 コード列を途中に切替えコード（3 バイト）を入れて共存できるようにしたもの．切替えコードは国際標準 ISO 2022 に準拠したものを用いている．各バイトは下 7 ビットだけを使用しているのが特徴である．

　JIS の日本語コードだけでは実際上不充分であること，また実用のコード系が 3 種類もあって，統一も難しいことは，日本のコンピュータおよびコンピュータ・ネットワークの発展のために大きな課題である．

万国文字コード　世界中の文字を含めることを意図した文字コードの開発に二つの流れがあったが，協調が図られて，実質的に一つのものになった．
- **国際符号化文字集合**（**UCS**）：国際標準規格 **ISO/IEC 10646** は，国際符号化文字集合（Universal Multiple-Octet Coded Character Set, UCS）を規定している．世界中の文字を最大 4 バイトで表す．
- **ユニコード**（**Unicode**）：世界のできるだけ多くの言語の文字を一つの文字コード・セットとしてまとめてしまおう，という意図で作られた．ユニコード第 2 版では，世界の主要な言語の文字を 16 ビット（2 バイト）で表せるようにし，かつ ISO/IEC 10646 の相当部分とのコードの統一化が図られた．日本語については JIS X 0208 および JIS X 0212 のすべての文字が取り込まれた．ユ

2.2 文字テキスト   **19**

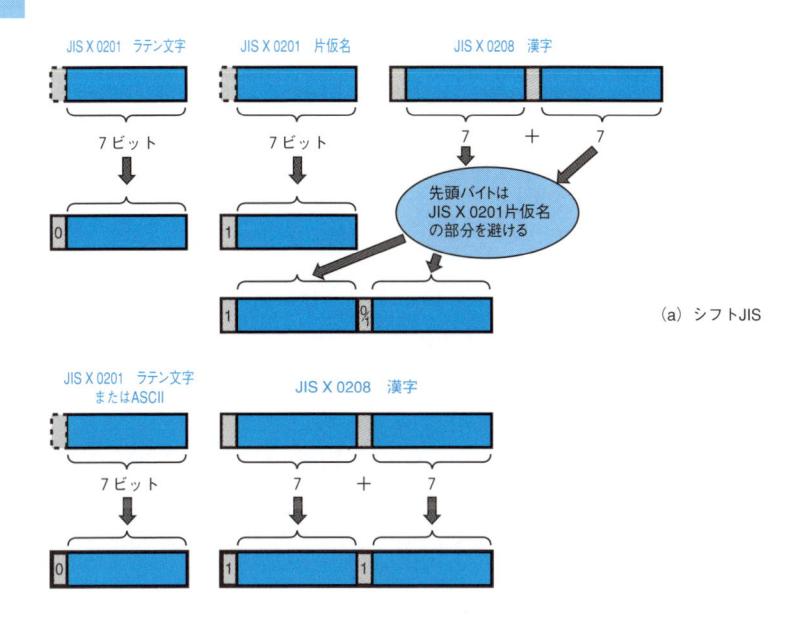

```
JIS X 0201 ラテン文字      JIS X 0201 片仮名         JIS X 0208 漢字
      7ビット                    7ビット              7    +    7
                                                  先頭バイトは
                                                  JIS X 0201片仮名
                                                  の部分を避ける

   0                        1                       1         0/1
```
(a) シフトJIS

```
JIS X 0201 ラテン文字         JIS X 0208 漢字
  またはASCII
      7ビット                    7    +    7

   0                        1              1
```
さらに JIS X 0201片仮名，JIS X 0212 漢字補助集合も使える．
（シフト符号という特別の符号を前に付ける．）　　　　　　　(b) EUC-JP

切替えコード （エスケープ・シーケンス）	後ろの文字列
ESC (B	ASCII
ESC $ B	JIS X 0208 漢字
ESC (J	JIS X 0201 ラテン文字

切替えコードは3バイト．ESCはエスケープ用符号（16進で1B）．　(c) ISO-2022-JP

図2.3 実用の文字コード

ニコードの 16 ビットのコードの割当てを図 2.4 に示す．米国の ASCII と西欧言語用の ISO 8859-1 は，それぞれのコードの頭の部分に 0 を詰めて 16 ビットに拡大すればユニコードに合致するようになっている．世界の文字を 16 ビットにはめ込むために，漢字について，日本，中国，および韓国の漢字を，意味は不問にして字形だけによる統合を行った．

　ユニコード第 4 版（2003 年に作られた）では，さらに多くの文字を含めるために，最大 32 ビットでコード化する．かつ，ISO/IEC 10646 第 3 版と完全にコードを合致させている．

　ユニコードないしは ISO/IEC 10646 はグローバル化したコンピュータ・ネットワークに向いており，関連する新技術にどんどん採用されつつある．HTMLおよび XML は標準の文字コードを ISO/IEC 10646 としている．Java 言語は文字コードとしてユニコードを採用している．

　文字コードとしてユニコードを使っても，サポートするのは自国の文字だけ，というのでもかまわない．

2.3　画　像

　デジタル画像　写真のような静止した絵を**画像**という．また**静止画**ともいう．画像をデジタルで表現するには，絵を細かな格子に分けて，格子のますめ（**画素**あるいは**ピクセル**という）ごとに，明るさや色をデジタル量として表す．たとえばコンピュータの画面は 640×480 またはそれ以上の画素に分かれており，各画素に付き明るさを含めた色を 8 ビットまたは 24 ビットで表現している（図 2.5 および表 2.2）．

　画像のデータ量は膨大なものになる（図2.5の画面は1024×768×24 = 18.9Mビット）．従って，画像を蓄積したり，コンピュータ・ネットワークで交換したりするとき，データ量をいかに減らすか，すなわち**データ圧縮**が鍵となる．

　交換形式　画像のもともとのデータ量は膨大なので，画像データを交換する際には，データ圧縮技術を利用して，圧縮済みの形式で交換する．よく使われている交換形式として次の二つがある．

● **GIF**（ジフ）：フルネームは Graphics Interchange Format である．画素デー

2.3 画像

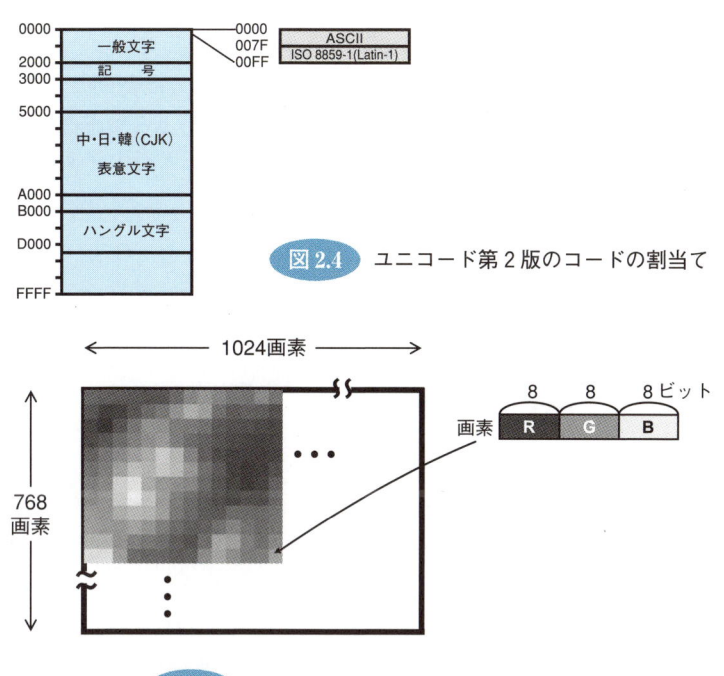

図 2.4 ユニコード第2版のコードの割当て

```
0000 ┐
     │ 一般文字      ┌ 0000
2000 ┤              │ 007F   ASCII
3000 ┤ 記 号         └ 00FF   ISO 8859-1(Latin-1)
5000 ┤
     │ 中・日・韓(CJK)
     │ 表意文字
A000 ┤
B000 ┤
     │ ハングル文字
D000 ┤
FFFF ┘
```

図 2.5 デジタル画像（XGAモード，フルカラーの画面）

画素 R(8) G(8) B(8ビット)

1024画素 × 768画素

表 2.2 コンピュータの画面の解像度と色のレベル

(a) 解像度

解像度（画素数）	
640×480	VGAモード
800×600	SVGAモード
1024×768	XGAモード
1600×1200	

VGA＝Video Graphics Array
SVGA＝Super VGA
XGA＝eXtended Graphics Array

(b) 色のレベル

画素あたりビット数	色の種類
8ビット	256色
24ビット*	1677万7216色

*赤(R)，緑(G)，青(B)のレベルを
それぞれ8ビットで表現．
フルカラーまたはトゥルーカラーという．

タ列のパターンを符号に置き換える方法で圧縮する．画素あたりの情報量が 8 ビット（256 色）という制約がある．人が描いたイラスト画などには GIF 形式が向いている．簡単な動画も作ることができる．

● **JPEG**（ジェイペグ）：この呼び名は，この標準を作った委員会の名前 Joint Photographic Experts Group に由来する．自然の情景のような画像を，画質への影響を抑えた範囲で情報量を減らすことを含めた圧縮を行うことにより，圧縮の効率を高めている．圧縮率は 10 倍から 20 倍位にもなる．画素あたり 24 ビット（フルカラー）が扱える．デジタル・カメラでは JPEG 方式が広く採用されている．

2.4　音声・音楽

音のデジタル化　電話の音声をデジタル化するときは，1 秒間に 8000 個のサンプル点をとり，各点における音声の強さを 7 ビット（日本および北米）または 8 ビット（ヨーロッパ）で表す．これにより，データ量は 56 kbps または 64 kbps となる（**図 2.6**）．1 秒間に 8000 個のサンプル点ということから，送ることのできる音声周波数の上限は 4 kHz までとなり，それ以上の高音は捨てられる．

音楽の CD の場合は，1 秒間に 44,100 個のサンプル化（従って高音域は 22,050 Hz まで）をし，各サンプル点を 16 ビットで表す．従って，データ量はステレオなら $44{,}100 \times 16 \times 2 = 1.411$ Mbps となる．

交換形式　音のデータを交換するには，音楽の CD と同じデジタル・データで交換することもできるが，データ量が膨大になる．そこで，音を少ないデータ量で交換するために，各種の方式が使われている．

● **MIDI**（ミディ）：これは Musical Instrument Digital Interface の略で，楽器の音を，機械に演奏させることを前提に，デジタル・データ化するための標準のコード化形式である．MIDI は音の信号をデータ化するのではなく，楽譜情報をデータ化することにより，データ量を大幅に少なくしている．単純に音をデジタル化した場合に比べ 1000 分の 1 にもなる．

● **MP3**：MPEG Audio Layer-3 の略で，次に述べる MPEG の中の音の圧縮方式の一種．CD の音データを，劣化を抑えて約 10 分の 1 に圧縮できる．

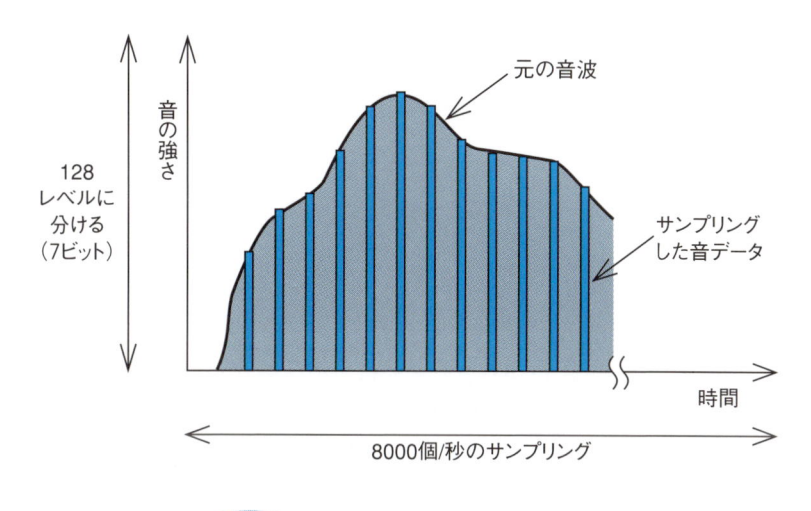

図 2.6 音のデジタル化（電話音声の場合）

2.5 映像

デジタル映像　デジタル**映像**は，デジタル画像を1秒間に何枚も流す動画として実現する．アナログのビデオ並みの映像を得るのには，1秒間に25コマ（フレーム）は必要である（図2.7）．XGAモード，フルカラー，30フレーム/秒の全画面のデジタル映像を圧縮無しに送るには$18.9 \times 30 = 567$ Mbpsの伝送速度が必要になる．

変換形式　ネットワークで映像を送る場合，品質を犠牲にして送るデータ量を減らすことが行われている．しかし，今後は現在のテレビ，ビデオ並みかそれ以上の品質の映像をネットワークを介して送ることが要求される．このための方式としてMPEGが作られた．なおネットワークの場合，データを送信してから後で再生する方法だけでなく，配信用のサーバからのデータをダウンロードしながら順次再生する方式（**ストリーミング**という）もある．

- **MPEG**（エムペグ）：これはMoving Picture Experts Groupという委員会名に由来する．データの画面内の相関や画面間の相関などを利用した圧縮を行うことにより，極めて高い圧縮率を実現している．音の圧縮も含まれている．用途によりいくつかの規格がある．
    - MPEG-1　ビデオ並みの品質を狙ったもの．ビデオCDで使われている．
    - MPEG-2　MPEG-1より高品質を狙ったもの（解像度が約4倍）．必要な伝送速度は3〜4Mbps程度．DVD (Digital Versatile Disc)-Videoの記録方式はこれである．
    - MPEG-4　低いビット伝送速度で高画質を達成することを狙ったもの．インターネットでのストリーミングで用いられている．

2.6 マルチメディア文書

文書　テキストと文書という用語は次のように区別して用いられている．
- **テキストまたは文字テキスト**：文字コードで表された文字の列．テキストの作成にはテキスト・エディタなどを使う．
- **文書（ドキュメント）**：テキスト情報に文書としての体裁（文字の強調，文

デジタル
画像

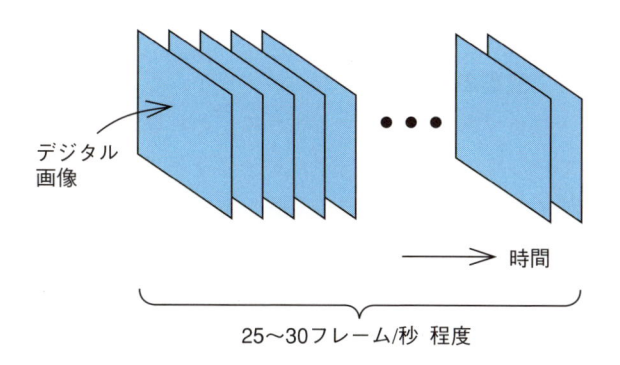

→ 時間

25〜30フレーム/秒 程度

図 2.7 映像のデジタル化（デジタル・ビデオの場合）

字サイズ，フォント種別，レイアウトなど）情報が付加されたもの．文書作成にはワープロ・ソフトが用いられる．
- **マルチメディア文書**：文書がテキストだけでなく，画像やその他の形のデータを含んだもの．文書といったとき，マルチメディア文書を指すことも多い．

マルチメディア文書の交換形式
ワールドワイドウェブのホーム・ページはマルチメディア文書である（後述するように，それ以上の，ハイパー・ドキュメントになっている）．そして，ホーム・ページを作成するための記述用言語である HTML がマルチメディア文書の交換形式の標準ともなってきた．画像などの各メディアの表現形式は，この章で述べてきたものが使われている．HTMLについては11章でさらに詳しく述べる．

第3章
ネットワークの構成

　コンピュータ・ネットワークはコンピュータが通信ネットワークによって結ばれたものである．本章ではネットワークを構成する要素である通信線や機器について述べる．また，ネットワークの分類について述べる．（なお，ネットワークという用語はコンピュータ・ネットワークを意味する場合と，そのうちの通信ネットワークの部分を意味する場合とがある．いずれを意味するかは前後関係から判断できる．）

> 3.1　伝送媒体
> 3.2　通信機器
> 3.2　ネットワークの形状
> 3.4　ネットワークの種類

第3章 ネットワークの構成

3.1 伝送媒体

　ネットワークで，データを伝送する線路を構成する物理的な媒体が伝送媒体である．これには大きく分けて銅線，光ファイバ，電波（無線）の3種類がある．

　銅線　伝送媒体として最も一般的なのは銅線である．データは電気信号として流れる．次の2種類がよく使われる．

- **より対線（twisted pair cable）**：2本の銅線をよったもの（図3.1）．よるのは，他の線と束ねられた場合などに電磁的な干渉を防ぐためである．電話線（電話局と加入者間）としても使われている．安価である．より対線を複数対まとめカバーで覆ったものがLAN用ケーブルに使われている．たとえば4組のより対線をカバーで覆ったカテゴリ5・ケーブルは，ファスト・イーサネットなどで使われる．
- **同軸ケーブル**：これは図3.2のような構造を持っている．シールドされているので電磁的な干渉に強い．ケーブル・テレビでも使われている．中高速のLANケーブルとして使われてきた．

　光ファイバ　光ファイバ・ケーブルの構造を図3.3に示す．内側のガラス媒体の中を光信号が通る．光なので，電磁的な干渉は無い．また光なので，銅線より多量の情報を送れる．伝送中の信号の減衰も少なく，銅線より長距離の伝送が可能である．光信号の伝送の原理を図3.4に示す．コア（芯）のガラスは屈折率が外側のガラスより高くなっている．コアの径がある程度大きい場合は，光はガラスの境界面で全反射を繰り返しながら，コアの中に閉じ込められた状態で進む．このとき光は複数の伝播経路（モード）に別れて進むので，この方式の光ファイバを**マルチモード・ファイバ**という（同図(a)）．これは伝播経路により同じ伝送時間での到達距離に差が出るため，信号が歪んでしまう．コアの径が小さくなり数μm程度になると，ファイバが光の導管になり，信号はファイバに沿って進む．この方式を**シングルモード・ファイバ**という（同図(b)）．これは信号の歪みが小さく，より長距離伝送ができる．

　海底ケーブルや通信網の幹線などは光ファイバ・ケーブルが使われている．さらに光ファイバは各家庭まで延びるようになってきている（FTTH = Fiber To The Home）．また，高速LANにも光ファイバが使われている．

3.1 伝送媒体

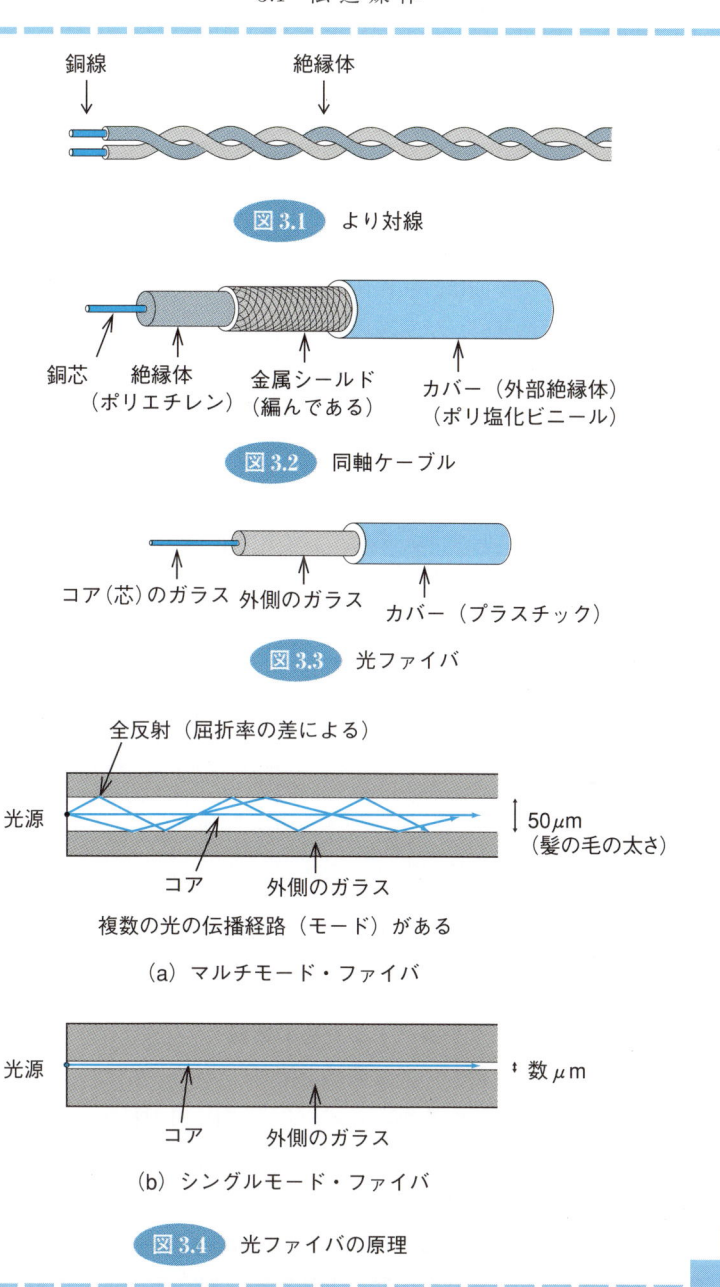

図3.1 より対線

銅線 / 絶縁体

図3.2 同軸ケーブル

銅芯 / 絶縁体（ポリエチレン） / 金属シールド（編んである） / カバー（外部絶縁体）（ポリ塩化ビニール）

図3.3 光ファイバ

コア（芯）のガラス / 外側のガラス / カバー（プラスチック）

図3.4 光ファイバの原理

(a) マルチモード・ファイバ

光源 / 全反射（屈折率の差による） / コア / 外側のガラス / 50μm（髪の毛の太さ）
複数の光の伝播経路（モード）がある

(b) シングルモード・ファイバ

光源 / コア / 外側のガラス / 数μm

電波（無線）　銅線や光ファイバによる通信は有線通信であるのに対して，電波は**無線通信**である．電磁波の周波数と波長の関係を**図 3.5** に示す．電磁波のうち赤外線より波長が長い範囲のものが**電波**と呼ばれる．電波は波長に応じてさまざまな通信に使われる．AM ラジオ放送には比較的周波数が低い（波長が長い）電波が使われている．FM ラジオ放送やテレビ放送にはそれより高い周波数が使われている．さらにそれらより周波数が高い電波の領域はマイクロ波と呼ばれる．マイクロ波は，長距離電話回線や衛星通信などに使われている．モバイル通信（移動体通信）は電波の利用が前提になる．携帯電話の第 2 世代には 800 MHz 帯と 1.5 GHz 帯，第 3 世代には 2 GHz 帯が使われている．また無線 LAN には主として 2.4 GHz 帯が使われている（無線 LAN については 6 章で述べる）．

なお，家電製品のリモコンに赤外線が使われているが，赤外線はコンピュータ（ノートパソコンなど）や携帯電話用の近距離の通信にも使われている．この**赤外線通信**も無線通信である．

伝送媒体の特性の比較　伝送媒体のビット伝送速度，延長可能距離のまとめを**表 3.1** に示す．光ファイバでは 100 THz（T ＝ テラは 10^{12}）より上の周波数で帯域幅 25 THz 程度が通信に利用できる．光ファイバの潜在的なビット伝送速度は他の伝送媒体に比較して格段に大きい（ナイキストの定理を参照）．

3.2　通信機器

通信ネットワークを構成するものは伝送の線路（通信回線）および通信機器である．通信機器を役割別に分類すると次のようになる．

> (1)　**個別のネットワークを構成するための機器**
>   電話網では電話交換機が，通信回線を接続し，データをある回線から別の回線へスイッチする役割を果たしている．これと同様に，ネットワーク内にはそのような役割を果たす通信機器が含まれている．LAN 用の通信機器については 6 章で述べる．
>
> (2)　**個別のネットワーク間をつなぐための機器**
>   個別のネットワークをつないで，より大きなネットワークを構成するた

3.2 通信機器

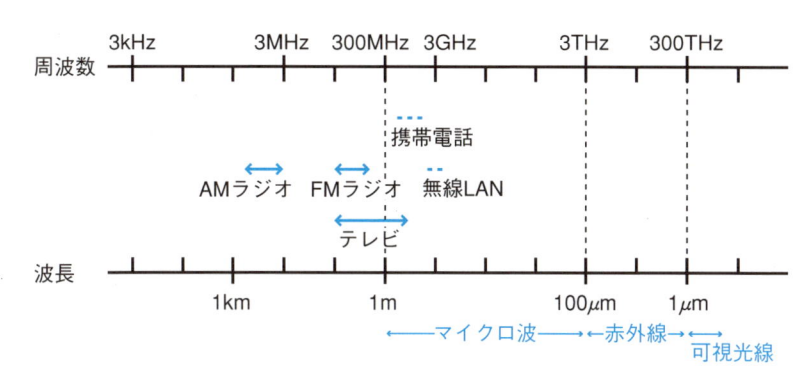

図3.5 電磁波の概要

周波数: 3kHz — 3MHz — 300MHz — 3GHz — 3THz — 300THz
波長: 1km — 1m — 100μm — 1μm

- AMラジオ
- FMラジオ
- テレビ
- 携帯電話
- 無線LAN
- ←マイクロ波→ ←赤外線→ 可視光線

表3.1 伝送媒体の伝送速度と延長可能距離

伝送媒体		ビット伝送速度と延長可能距離	
銅線	より対線	数Mbps	数km
		100Mbps	100m
	同軸ケーブル	数100Mbps	数km（注1）
光ファイバ		数Gbps	数10km（注1, 2）
電波（無線通信）		波長（すなわち周波数）による	

（注1）途中にリピータを介せばさらに長距離が可能
（注2）光ファイバは潜在的にはこの1万倍の伝送速度が可能

めの，つなぎ用の機器がある．これらは，つなぎ方の原理の違いにより，一般的に次のように分類される．

- **リピータ**：同一種類のネットワークをつなぎ，物理的にネットワークの規模を拡大するための機器をリピータという（図3.6）．リピータでのデータの中継は，後で述べる物理層の範囲で行われる．同種の伝送媒体をつなぎ，その距離を拡大するための機器もリピータと呼ばれる．たとえば，長距離の光ファイバ・ケーブルでは約30kmごとにリピータが挿入され，減衰した信号を大きくする．
- **ブリッジ**：種類の異なるLANをつないで，全体として規模の大きなLANを構成するための機器をブリッジと呼ぶ（図3.7）．ブリッジでのデータの中継は，後で述べるデータリンク層で行われる．
- **ルータ**：任意のネットワークをつないで，規模の大きなネットワークを構成するための機器がルータである（図3.8）．インターネットのような地球規模のネットワークも，個々のネットワークをルータでつなぐことにより，実現されている．ルータでのデータの中継は，後で述べるネットワーク層で行われる．

(3) **コンピュータをネットワークに接続するための機器**

コンピュータをネットワークに接続するとき，コンピュータ側に接続用の通信機器が必要になる．コンピュータを電話網経由で接続する場合はモデムが，またコンピュータをLANに接続する場合はLANアダプタが要る（ただし，これらはコンピュータに内蔵されていることが多い）．これらについては5章で述べる．

3.2　通信機器

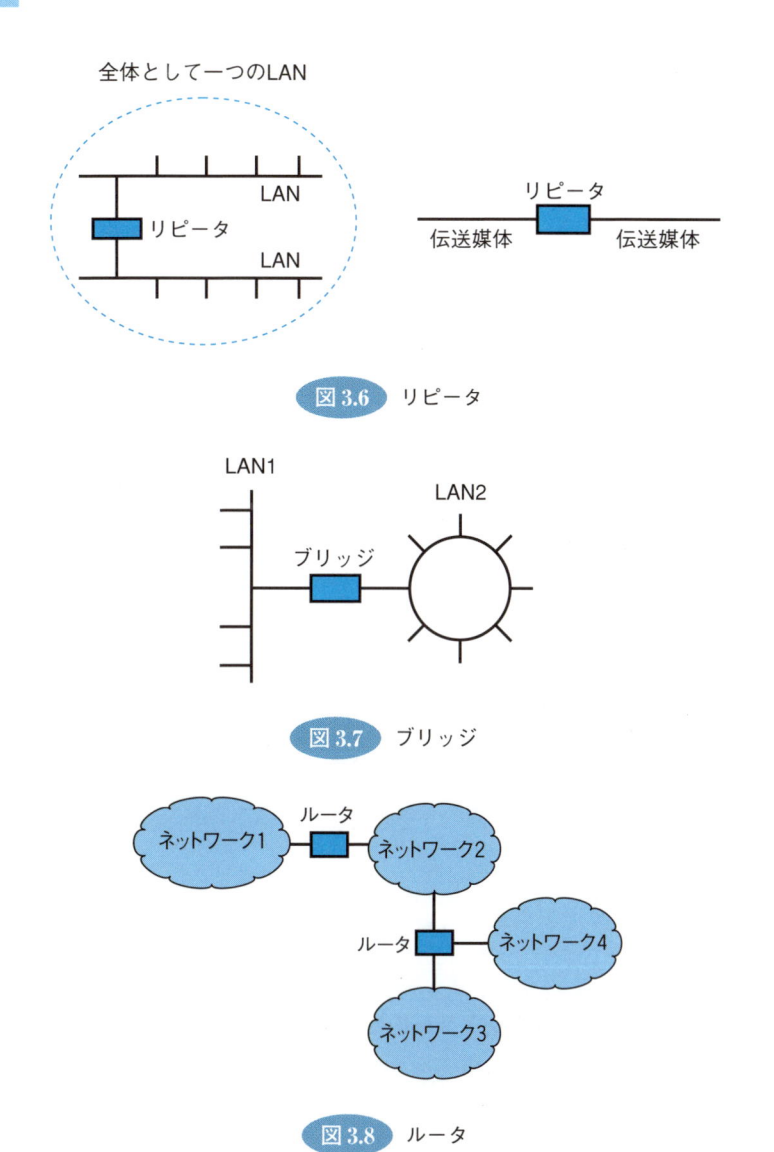

図 3.6　リピータ

図 3.7　ブリッジ

図 3.8　ルータ

3.3 ネットワークの形状

通信回線による相互接続　コンピュータ間で通信を行うために，コンピュータ相互を通信回線で直接接続（**ポイント・ツー・ポイント**（point-to-point）**接続**）するのが，最も単純な接続方法である．2台のコンピュータだけで通信する場合や，通信する相手コンピュータが限られている場合はこの接続方法でも良い．しかし，N台のコンピュータがお互いにすべての相手と通信したい場合には，必要な通信回線の本数が$N\cdot(N-1)/2$本と，Nの2乗に比例して増えてしまう（図3.9）．Nが大きいときにはこれは膨大な数になり，実際的でない．

通信資源を共用した接続　実際のコンピュータ・ネットワークでは，コンピュータがネットワーク（の通信資源，すなわち通信の線路や通信機器）を共用して通信を行う．このため，ネットワークは次のような形状をとる．

① **スター**（星）**型**：一つのスイッチを介してすべてのコンピュータを星型（☆というより＊型）に接続（図3.10）．
② **リング**（輪）**型**：通信線（通信ケーブル）をリング状につなぎ，それに取付け用の通信線でコンピュータを接続（図3.11）．
③ **バス**（母線）**型**：1本の通信線（**バス**＝**母線**）に，取付け用の通信線でコンピュータを接続（図3.12）．
④ **メッシュ**（網）**型**：多段のスイッチで接続（図3.13）．一般には迂回ルートも持つ．

①から③はLANでみられる．広域ネットワークは④の形になっている．これらの接続方法の，上で述べた相互接続と比べた利点，欠点を整理する．

利点：通信の線路の数や長さを節約できる．経済的である．
欠点：線路やスイッチを共用するため，通信のぶつかりがある．ぶつかった場合，通信に遅れが出る．

3.3 ネットワークの形状

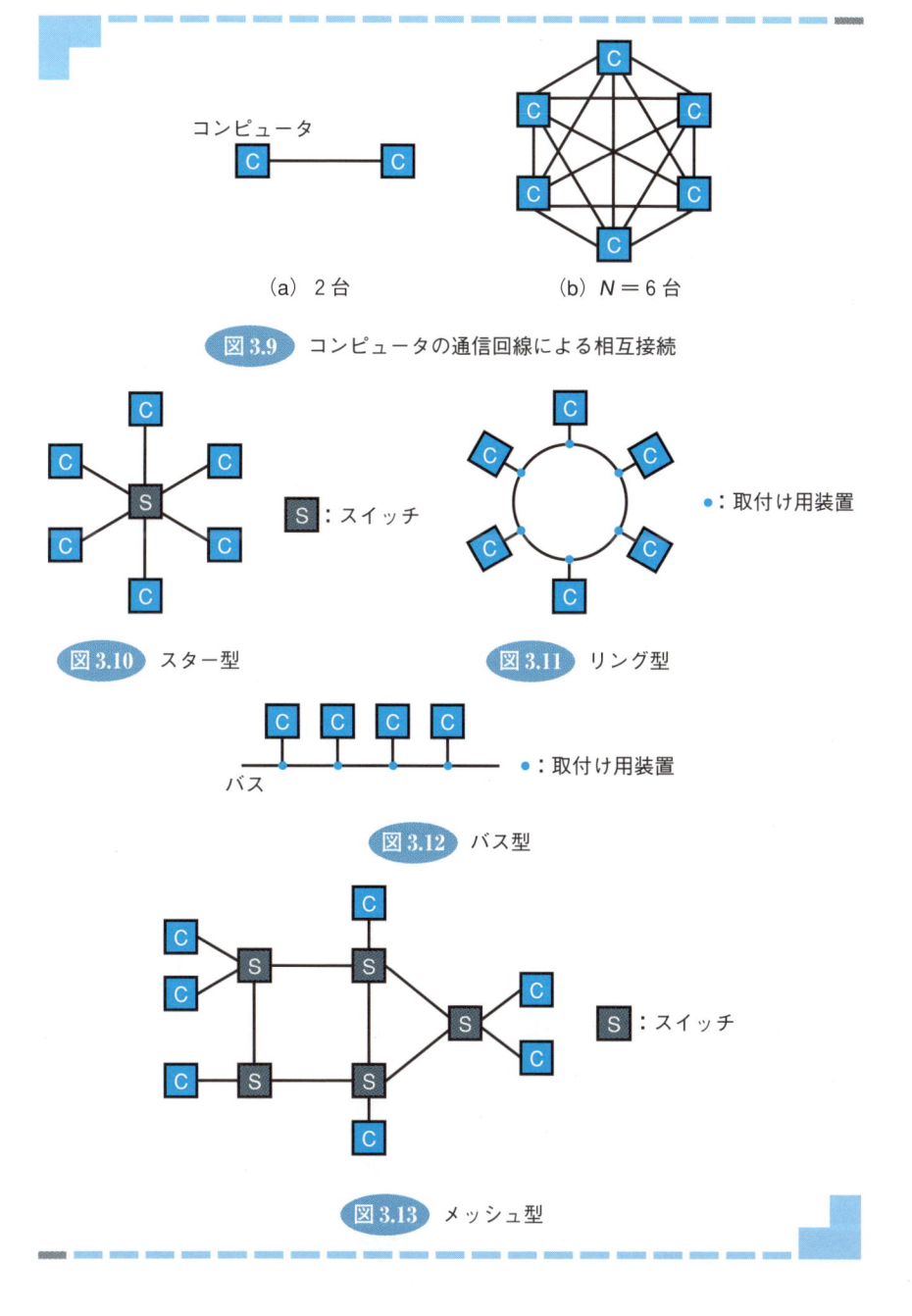

(a) 2台

(b) $N=6$ 台

図 3.9 コンピュータの通信回線による相互接続

S：スイッチ

図 3.10 スター型

●：取付け用装置

図 3.11 リング型

●：取付け用装置

図 3.12 バス型

S：スイッチ

図 3.13 メッシュ型

3.4 ネットワークの種類

相互接続 2点間を直接接続（ポイント・ツー・ポイント接続）する．

> (1) **ローカルな通信**
> 　近くにあるコンピュータ同士の接続は **RS-232-C ケーブル**を用いて行える．これは銅線のケーブルで，延長は 15 m まで，速度は 20 kbps である．接続の概念図を**図 3.14** に示す．
> (2) **長距離通信**
> 　長距離の相互接続は，通信設備を持つ電気通信事業者（NTT など）から**専用線**を借りて行う．実際には高速の伝送媒体を複数の通信回線として多重化して使用する（その1回線を借りる）のが普通のため，専用サービスという呼び方もされている．

通信網 通信資源共有のネットワーク（＝通信網）はいくつかの観点から分類される．

> (1) **距離による分類**
> ● **構内網（ローカルエリア・ネットワーク，LAN）**：企業や大学の構内ネットワーク
> ● **広域網（ワイドエリア・ネットワーク，WAN）**：広い地域にまたがったネットワーク
> (2) **所有者（または利用者）による分類**
> ● **公衆網（public network）**：不特定利用者に通信サービスを提供するネットワーク
> ● **私設網（private network）**：私企業などが自己使用のために設置したネットワーク
> (3) **伝送方式による分類**
> ● **アナログ網**：アナログ信号を伝送．電話網など．ただし，デジタル・データもアナログ信号に乗せて送れる．
> ● **デジタル網**：デジタル信号を伝送．ただし，デジタル信号を周波数が高

3.4 ネットワークの種類

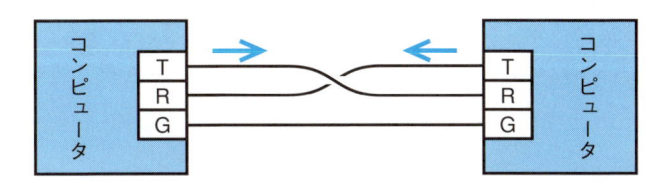

コンピュータ同士の接続では送信の口（T）と受信の口（R）がつながる．
（コンピュータと周辺機器（モデムなど）の接続はひねりのないケーブルを使う．）
Gはアース．

図3.14 RS-232-Cケーブルによる相互接続

表3.2 具体的な通信網技術

通信網技術		伝送方式	形状	伝送速度	伝送媒体
LAN	イーサネット	D	バス型（スター型もある）	10Mbps 100Mbps 1Gbps 10Gbps	同軸ケーブル，より対線 より対線，光ファイバ 光ファイバが主 光ファイバ
	トークンリング	D	リング型	16Mbps	シールドされたより対線
	FDDI	D	リング型	100Mbps	光ファイバ
	無線LAN	D	—	11Mbps 54Mbps	無線
LAN/WAN	ATM	D	メッシュ型	〜622Mbps	光ファイバが使われる（規格は媒体独立）
WAN	電話網	A	メッシュ型	〜56/33.6kbps（モデム使用時）	・WANの加入者線は低速は銅線（より対線），高速は光ファイバが使われる． ・幹線は光ファイバなど．
	ISDN	D	メッシュ型	144kbps 1488kbps	
	X.25パケット網	D	メッシュ型	〜64kbps	
	フレーム・リレー	D	メッシュ型	〜6Mbps	

伝送方式：D＝デジタル，A＝アナログ
備考：インターネットへの接続に，銅線（電話線）を使ったADSLや光ファイバ（FTTH）が使われる．ただし，これらはポイント・ツー・ポイント型の接続であり，通信網ではない．

い搬送波の信号に変換して（変調して）送ることもある．

具体的な通信網技術について，これらの分類を付して，**表 3.2**（前頁）に示す．なお，LAN の詳細は 6 章で，また WAN については 5 章で述べる．

第4章
ネットワークの約束事：プロトコル

　ネットワークを介してコンピュータ同士が通信できるためには，そのための約束事が必要である．それをプロトコルという．プロトコルはコンピュータ同士が会話をするための言葉といっても良い．それぞれの役割を持った複数のプロトコルが全体としてきれいな体系をなしており，その体系をネットワーク・アーキテクチャと呼ぶ．

> 4.1　コンピュータ同士がつながるために
> 4.2　プロトコルの階層構造
> 4.3　プロトコルの体系＝ネットワーク・アーキテクチャ

4.1 コンピュータ同士がつながるために

コンピュータが相互につながり，通信できるためには以下が必要である．

(1) **物理的な接続**
- コンピュータ同士が通信回線または通信網を介してつながること．
(コンピュータと通信線を接続するためのコネクタの形状が合うことも必要．)

(2) **電気的な接続**
電気信号が相互に交換できるために，
- 接続の電気特性（電圧レベルなど）が合っていること．
- 線が送信対受信の対でつながっていること．

(3) **ビットの相互認識**
- ビットの表し方についての合意が必要．

ビットの表し方にはいくつかの方法がある（**図 4.1**）．(b),(c) の方式は直流成分が 0 になる利点がある．また (c) は，電圧の変化の方向でビットを表しており，受信の同期をとりやすく，後述のイーサネットで使われている．

(4) **ビットで表されたデータの相互認識**
次についての合意が必要である．
- データのフォーマット（形式，シンタクス）
- その内容（持つ意味，セマンティクス）

コンピュータが相互に通信できるための以上のような約束事を**通信プロトコル**または単に**プロトコル**と呼ぶ（**図 4.2**）．物理的および電気的な接続は当然のことなので，お互いに通信するデータに関する約束事の方を指してプロトコルと呼ぶことも多い．その点からはコンピュータ同士が話す言葉がプロトコルである．通信するコンピュータ同士は同じプロトコルを操れなければならない．

4.1 コンピュータ同士がつながるために

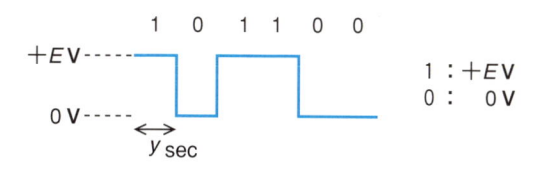

```
        1   0   1   1   0   0
+EV ----┐   ┌───┐       ┌────
        │   │   │       │
 0V     └───┘   └───────┘
        ←→
        y sec
```
1 : +EV
0 : 0V

(a) バイナリ符号化（その1）

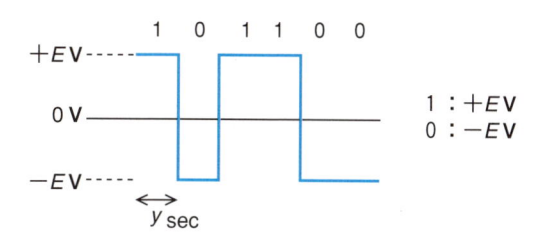

```
        1   0   1   1   0   0
+EV ----┐   ┌───┐
        │   │   │
 0V ────┼───┼───┼───┼───┼────
        │   │   │
-EV     └───┘   └───────┘
        ←→
        y sec
```
1 : +EV
0 : -EV

(b) バイナリ符号化（その2）

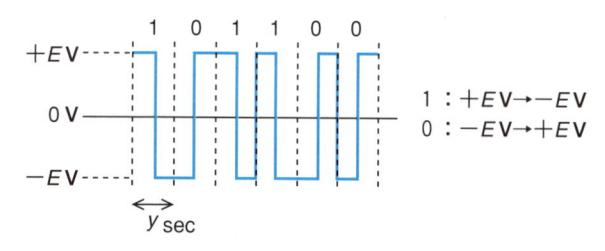

```
        1   0   1   1   0   0
+EV ┐ ┌─┐ ┌─┐ ┌─┐ ┌─┐ ┌─┐ ┌─
    │ │ │ │ │ │ │ │ │ │ │ │
 0V ┼─┼─┼─┼─┼─┼─┼─┼─┼─┼─┼─┼─
    │ │ │ │ │ │ │ │ │ │ │ │
-EV └─┘ └─┘ └─┘ └─┘ └─┘ └─┘
    ←→
    y sec
```
1 : +EV→-EV
0 : -EV→+EV

(c) マンチェスタ符号化

図 4.1 ビットの表し方

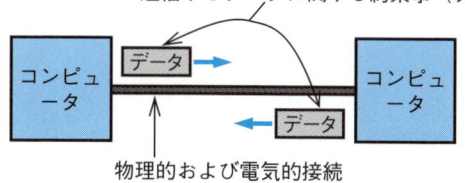

通信するデータに関する約束事（データの形式と意味）

コンピュータ ──[データ]→ ←[データ]── コンピュータ

物理的および電気的接続

図 4.2 プロトコル＝通信のための約束事

4.2 プロトコルの階層構造

伝送されるデータの構成　コンピュータ間を伝送される個々のデータは，次の二つの部分からなる．

① 通信を制御するための情報の部分
② コンピュータ間で受け渡したい中身のデータ部分

前者を**ヘッダ**と呼ぶ．通信を制御するための情報とはすなわちプロトコル情報であり，それがヘッダで運ばれる．

ヘッダの役割は，荷物を送るときの荷札の役割に類似している（図 4.3）．ヘッダには，データの送り元の情報や宛先の情報などが含まれる．

ヘッダの階層化＝プロトコルの階層化　コンピュータ・ネットワークにおける通信では，ヘッダはいくつかのヘッダ（正確にはサブヘッダ）の集まりとして構成されている（図 4.4）．コンピュータ・ネットワークにおいては，送信元から出たデータはいろいろな通信機器や中継のコンピュータを経由して最終的な宛先に届けられ，さらに特定のアプリケーション・プログラムへ渡されて処理される．このため，データに複数の荷札を付けた方が便利なのである．

ヘッダが複数あるということは，それぞれのヘッダに対応してプロトコルがあり，コンピュータ間の通信は複数のプロトコルの働きで実現されていることを意味する．コンピュータ・ネットワークではプロトコルは次の 5 階層からなると考えると理解しやすい．

(1) **物理層**
　　物理的および電気的（光ファイバの場合は光学的も含む）接続の条件についての約束事を定める．
(2) **データリンク層**
　　隣りのコンピュータ（中継用のコンピュータのこともある）とのデータのやり取りの約束事を定める（1 番外側のヘッダに対応．このヘッダは通信中に次々に付け変えられていく）．
(3) **ネットワーク層**
　　最終的な宛先のコンピュータへのデータ送達の約束事を定める（2 番目

4.2 プロトコルの階層構造

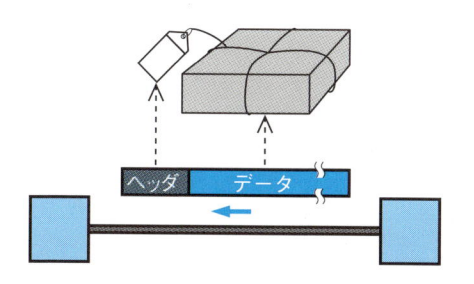

図 4.3 ヘッダ付きデータ

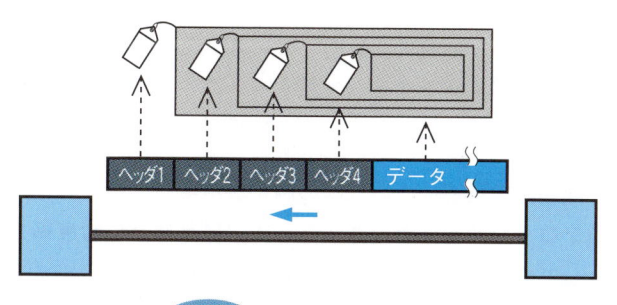

図 4.4 複数ヘッダ付きデータ

のヘッダに対応）．

(4) **トランスポート層**

相手コンピュータ内の宛先のプログラムへのデータ送達の約束事を定める（3番目のヘッダに対応）．

(5) **応用層**

宛先プログラムの種類に応じてそれとのデータのやり取りの約束事を定める（4番目のヘッダに対応）．

通信するコンピュータは，これらの層に対応する機能を持っていると考えて良い．同じ層同士が，対応するヘッダを利用して，すなわちその層に対応するプロトコルを用いて，会話をしている，という見方ができる（図 4.5）．

ここで，データリンク層のプロトコルにとっては1番外側のヘッダにプロトコル情報があり，その内側（2番目の，ネットワーク層のヘッダ以降）はすべてデータとして見える．同様に，各層では対応するヘッダにプロトコル情報があり，その内側はすべてデータとして見える．このように，プロトコルの各層の役割は階層的になっている，ということは重要である．

プロトコル階層化の利点　次の二つの利点がある．

●それぞれのプロトコルをいわば部品として，部品ごとに約束事を定めることにより全体としての約束事（ルール）の数を少なくしている．

このため，プロトコルの標準化がしやすくなり，コンピュータ同士がつながりやすくなる．

これは「分割して統治」するという部品化の基本の考えの適用である．この考えを2分割の例で説明する．たとえば100個のルールがある事柄を，それぞれが10個のルールを持つ二つの部品にうまく分けることができたとする．これでも100種類のことを区別できるが，ルールの数は $10 \times 2 = 20$ で済む．

●特定の部品だけを取り替えることが可能になるので，多様な技術に対応しやすい．特に通信メディア技術や応用技術の進歩・発展に対応しやすい．

これは標準化と進歩・発展の間の矛盾（普通これらは両立が難しい）の解決である．新しい通信メディア技術が生まれると，それに対応して物理層とデータリンク層のプロトコルを新たに作る必要があるが，その他の層のプロトコルは変更無く使える．また新しい応用技術が生まれると，それに対応した応用層

4.2 プロトコルの階層構造

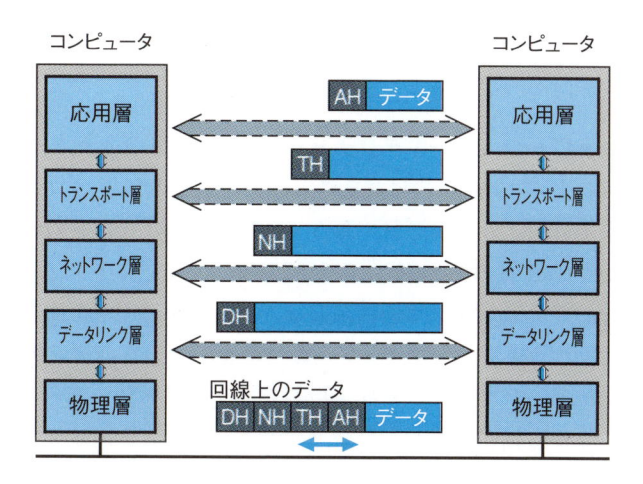

図 4.5　プロトコルの階層構造

のプロトコルを新たに作る必要があるが，その他の層は影響を受けない．

4.3 プロトコルの体系＝ネットワーク・アーキテクチャ

プロトコルが階層的な体系として整備されるようになった歴史を述べる．

各社のネットワーク・アーキテクチャ　コンピュータと通信の結合が重要である，ということが1970年代に認識され始めた．それまではコンピュータ間の通信の約束事はあまり整備されておらず，またコンピュータの機種ごとにばらばらだった．IBM社は1974年にSNA（Systems Network Architecture）を発表し，同社のコンピュータは機種が違っても，コンピュータ間の通信の約束事はSNAとして定義されるプロトコル群に従う，という方針を打ち出した．体系化された標準的なプロトコル群を指して**ネットワーク・アーキテクチャ**と呼ぶことがここから始まった．その後，他のコンピュータ・メーカーもそれぞれ同様な方針をとった．

OSI（開放型システム間相互接続）　ネットワーク・アーキテクチャがコンピュータ・メーカーごとにばらばらでは，コンピュータの発展にとって望ましくないことが認識されて，国際標準のネットワーク・アーキテクチャ作りが1977年から開始された．それが**OSI（Open Systems Interconnection）**である．これは80年代末になってほぼできあがったが，これをサポートした製品がなかなか揃わず，普及していない（なおLANなどはインターネット・プロトコル群と共通である）．

OSIのネットワーク・アーキテクチャは7階層のモデルに従っている（**図4.6**）．しかし，アプリケーション間の通信の同期をつかさどるセッション層とデータ表現をつかさどるプレゼンテーション層はあまり活用されておらず，実質は4.2節に述べたのと同じ5層モデルだと思って良い．

インターネット・プロトコル群　米国で実験ネットワークから始まったインターネットが次第に成長して，1990年代に入って世界中に広まった．これに伴いインターネットのプロトコル群が実質の世界標準プロトコル群になった．そのプロトコル階層は4層モデルだが，実質は4.2節に述べたのと同じ5層モデ

4.3 プロトコルの体系＝ネットワーク・アーキテクチャ　　47

```
       ┌ 応用層
   上位 │ プレゼンテーション層
   層  └ セッション層
       ┌ トランスポート層
   下位 │ ネットワーク層
   層  │ データリンク層
       └ 物理層
```

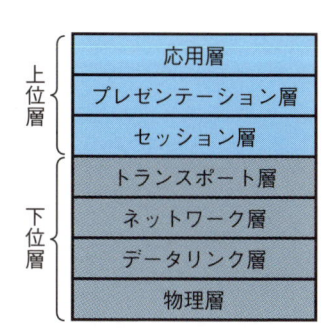

図 4.6 OSIの参照モデル

応用層	電子メール	WWW	ファイル転送	・・・	ドメイン名システム	映像配信 ・・・
						RTP
トランスポート層		TCP			UDP	
ネットワーク層			IP			
(データリンク層)	イーサネット	ATM	・・・	無線LAN	PPP	・・・
(物理層)	より対線	同軸ケーブル	光ファイバ	無線	モデム 電話網	・・・

ネットワーク・インタフェース

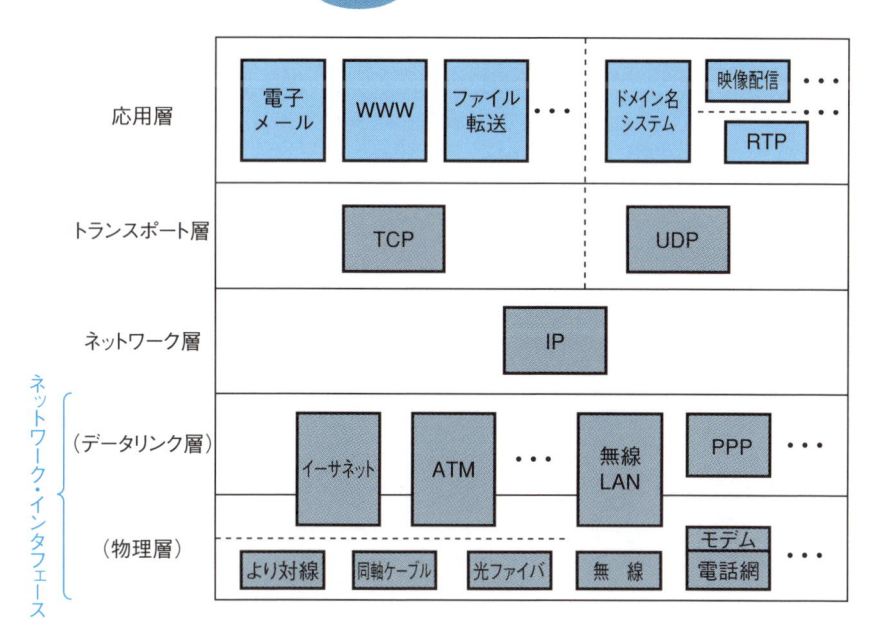

図 4.7 インターネットのプロトコル階層

ルだと思って良い（図 4.7（前頁）．主要なプロトコルも示す）．なおインターネットのプロトコルは **RFC**（**Request for Comments**）という文書で規定されている．

第 5 章
コンピュータ間の通信接続

　コンピュータ間の通信の最も基本の形は，コンピュータ間での通信回線を介した通信である．これを実現するための約束事，すなわち隣り合うコンピュータ間でビットの集まりであるデータを送り合うために必要な約束事について述べる．それをデータリンク・プロトコルという．なお，ローカルエリア・ネットワークを介した通信は次章で述べる．

5.1　通信回線を実現するもの
5.2　通信回線上のデータ伝送の実現
5.3　主要なデータリンク・プロトコル

5.1 通信回線を実現するもの

専用線，広域の通信網および主なブロードバンド回線について述べる．

専用線 コンピュータ間を接続する最も直接的な方法は，専用の通信回線で結ぶ方法である．ある企業が会社専用の私設網を構築する場合には，線路として専用線を用いる．インターネットの基幹網の線路にも専用線が用いられる．

専用線は，実際には高速の伝送媒体を複数の通信回線として多重化し，その1回線として提供されるのが普通である（図5.1）．多重化の方法には周波数帯域を分ける**周波数分割多重**（**FDM**, Frequency Division Multiplexing）や時間を細かく分けて割り当てる**時分割多重**（**TDM**, Time Division Multiplexing）などがある．

電話網 電話網（電話交換網）はアナログ通信網であるが，これを用いて低速のデジタル通信を行うことができる．

> **(1) 電話網への接続**
>
> コンピュータを電話網に接続するには**モデム**（**変復調装置**，**MOdulator/DEModulator**）が必要である．通信する相手側にも，同等のモデムを設置する必要がある（図5.2）．コンピュータが送信するデジタル信号はモデムに渡され，そこでアナログ信号の上に乗せられて（変調），電話網に出ていく．受信側ではまずモデムが電話網からの信号を受け取り，そこからデジタル信号を取り出して（復調），コンピュータに渡す．
>
> ダイヤル番号（これもコンピュータからモデム経由で電話網に出ていく）を変えることにより別のコンピュータとも通信できるが，当然ながらそこにもモデムが必要である．
>
> インターネットの普及段階では，家庭のコンピュータをインターネットに接続するには電話網を介した接続が多かった（9章参照）．しかし，この接続は低速なため，もっと高速の接続法にとって代わられつつある．
>
> 電話網による通信は途中に別のコンピュータが介在しないので，特定のコンピュータ間の安全な通信の実現に利用されることもある．

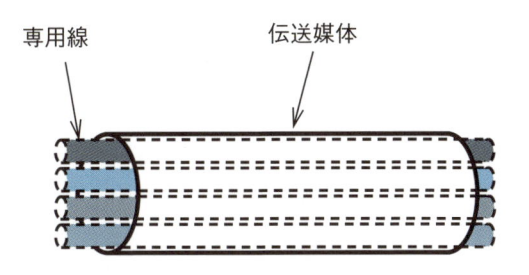

図 5.1　専用線の多重化

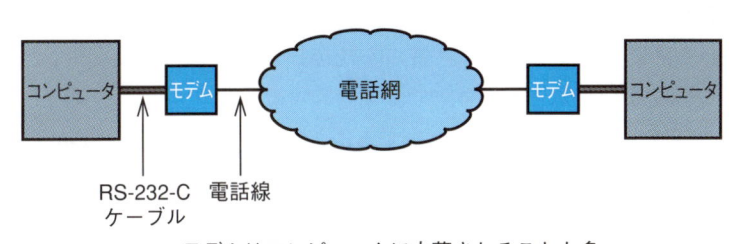

モデムはコンピュータに内蔵されることも多い．

図 5.2　コンピュータの電話網への接続

(2) モデムの方式

モデムによる変調では，アナログの波である正弦波（サイン・カーブ）の波形を 0, 1 に従って変える．これには次の 3 種類の方法がある．
- **振幅変調（AM**, Amplitude Modulation）：波の大きさを変化させる
- **周波数変調（FM**, Frequency Modulation）：周波数を変化させる
- **位相変調（PM**, Phase Shift Modulation）：波の位相を変化させる

図 5.3 に概念図を示す．通信速度を上げるために，さらにこれらを組み合わせる．モデムの性能は次第に向上してきた．本書執筆時点での最高速モデムは受信 56kbps，送信 33.6kbps という速度が非対称のものである．

ISDN（Integrated Services Digital Network, サービス総合デジタル網）

(1) ISDN のサービス

ISDN はデジタル・データと音声を統合して扱うことを目的とした，デジタルの交換網である．ISDN では電話音声はデジタル化して運ばれる．相手の選択は電話番号をダイヤルすることにより行われる．ISDN では次の 2 種類の通信路（チャネル）が基本になっている．

- **情報チャネル（B チャネル）**：容量は 64 kbps．デジタル化した電話音声を運ぶのに必要なのがこの容量である（2.4 節の「音のデジタル化」参照）．
- **信号チャネル（D チャネル）**：容量は 16 kbps．ダイヤル用などに使う．

加入者に対しては，次のようにこれらを複数本組み合わせた形で提供される．

- **基本レート**：B チャネル 2 本＋D チャネル 1 本（2B+D，合計 144 kbps）．
- **プライマリ・レート**：23B+D．合計 1488 kbps．

家庭のコンピュータをインターネットへ電話網より高速に接続するのに，基本レートの接続がよく使われた．しかし，ADSL などのより高速な接続方法にとって代わられつつある．

なお NTT の ISDN サービスは INS と呼ばれている．

5.1 通信回線を実現するもの 53

元のビット列　1　0　1　1　0　0

振幅変調（AM）

周波数変調（FM）

位相変調（PM）

図5.3 モデムの変調方式

論理的には
3本のチャネル
がある

電話機

TA　DSU

一体型もある

電話線

ISDN網

コンピュータ

TA：Terminal Adapter　　DSU：Digital Service Unit

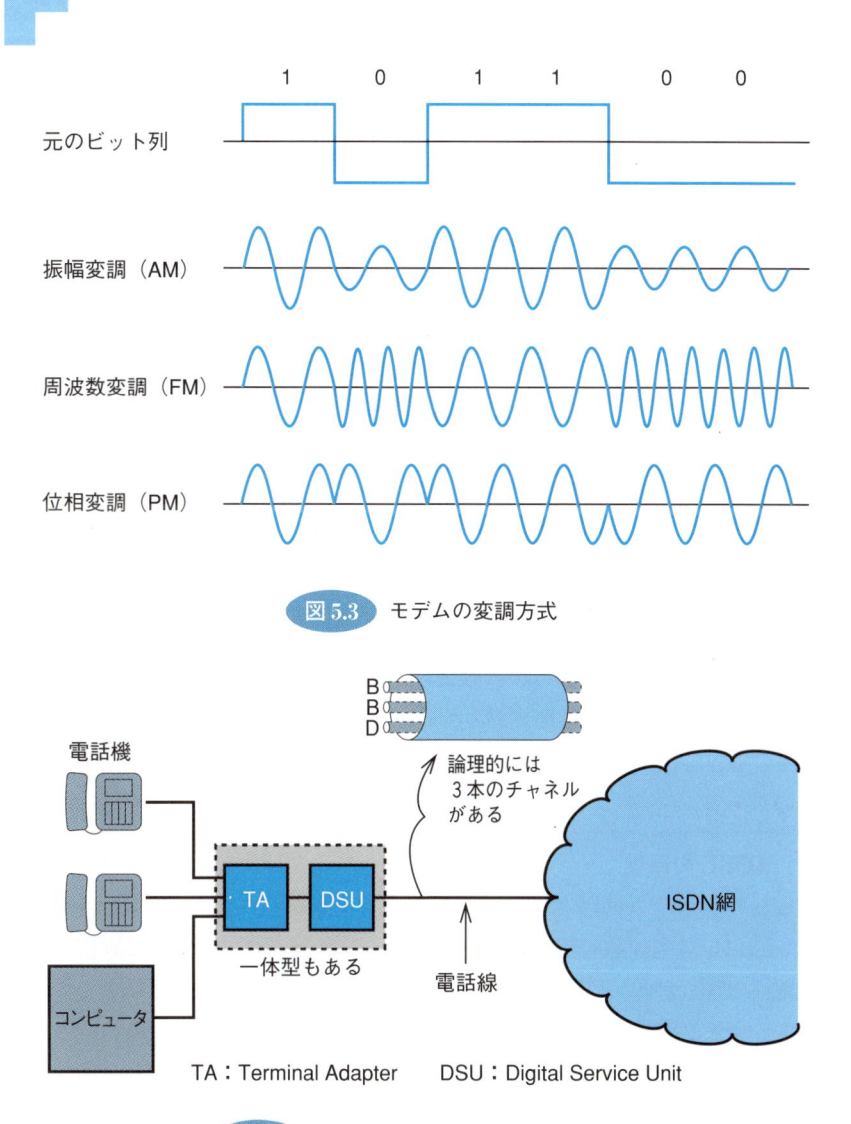

図5.4 ISDNへの接続（基本レートの場合）

(2) **ISDN への接続**

コンピュータを ISDN に接続するには**ターミナル・アダプタ**（**TA**, Terminal Adapter）と **DSU**（Digital Service Unit, 回線接続装置）の二つの装置が必要である．これらが一体になったものもある．接続の様子を図 5.4（前頁）に示す．基本レートの場合，電話機 2 個の同時使用，電話機 1 個とコンピュータ（B チャネル 1 本）の同時使用，またはコンピュータ 1 台で 2 本の B チャネル使用のいずれの通信も可能である．

フレーム・リレー　加入者に比較的安価で高速な通信回線を提供するサービスである．メッシュ型の網の上で，加入者に 2 点間を結ぶ仮想的な通信回線が提供され，この上を 1600 バイトまでのデータ（このデータの単位を**フレーム**という）をまとめて送ることができる（データリンク層の機能までを含み，かつデータのスイッチングも行う）．伝送速度は 1.5 Mbps, 6 Mbps などがある．

ADSL（Asymmetric Digital Subscriber Line）　**非対称デジタル加入者線**の意．既存の電話線を利用し音声通信より高い周波数帯域を使って高速のデータ通信を行う．ADSL により，比較的簡単な設備で，高速のインターネット接続（いわゆるブロードバンド接続）が可能になった．また，電話が使用中であってもデータ通信が可能であり，インターネットへの常時接続ができる．ADSL の通信速度は，本改訂版執筆時点で下り最大 50 Mbps, 上り最大 3 Mbps のものがある．

(1) **ADSL の原理**

電話のシステムはほどほどの品質の音声通話を目的として，300 Hz から 3400 Hz の周波数帯域の信号を通すように設計されている．これに対して電話の加入者線（電話線）はより対線であり，潜在的にはそれよりずっと広い周波数帯域を通信に利用できる．そこに着目して，電話線の空き周波数帯域をデータ通信に利用する方式が **DSL**（Digital Subscriber Line, **デジタル加入者線**）である．さらに，インターネット利用時には上り（送信）より下り（受信）のデータ量が多いことを考慮して，下り≫上りの非対称速度を持たせたものが ADSL である（図 5.5）．

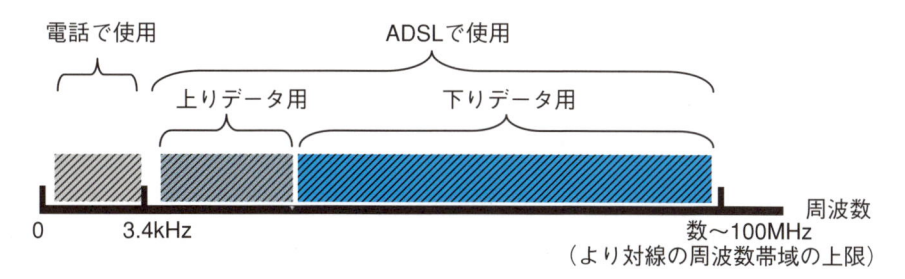

図 5.5　ADSLの原理

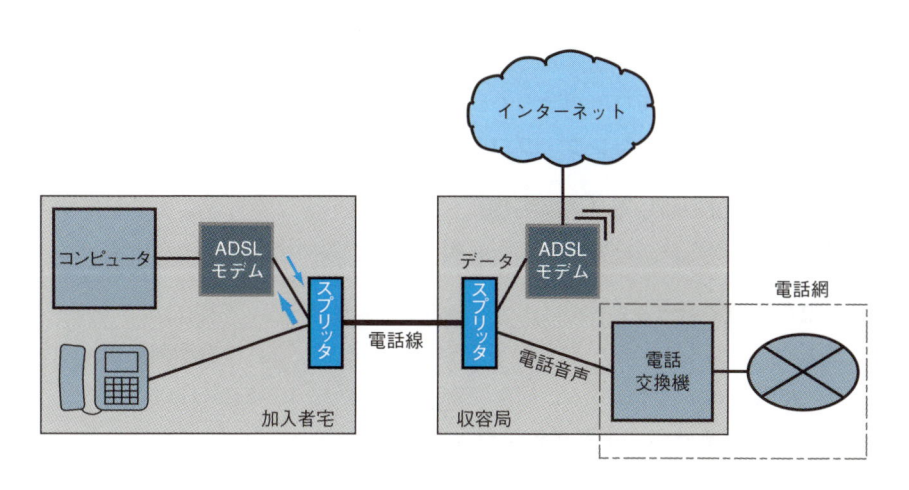

図 5.6　ADSLによる接続

(2) ADSL による接続

ADSL による接続を図 5.6（前頁）に示す．ADSL モデムは，コンピュータが送受信するデータを ADSL が使用する周波数帯域の信号へ変換（デジタル変調）および逆変換する役割を持つ．スプリッタは，データ通信用の高周波帯と音声通信の低周波帯の混合および分波を行う．スプリッタと ADSL モデムは加入者側とともに電話局側にも設置されている．この構成により，コンピュータは電話交換機を介することなく，高速でインターネットに接続される．

FTTH（Fiber To The Home）　家庭にまで届く光ファイバによりコンピュータをインターネットに高速で接続できる．詳細は 9.3 節で述べる．

5.2　通信回線上のデータ伝送の実現

通信回線上をビットの伝送はできる，ということを前提とする．データの伝送を実現するにはさらに次のような約束事が必要である．これらを具体的に取り決めたものが**データリンク・プロトコル**である（**伝送制御手順**ともいう）．

データの単位の表し方（同期制御）　ビット列のどこからどこまでが単位のデータであるか，についての約束が必要であり，次のような方法がある．

① **文字単位で行う**：7 または 8 ビットの文字を単位とし，先頭にスタート・ビット，終りにストップ・ビットを付ける（図 5.7）．これは**調歩同期式**（または**非同期式**）と呼ばれる．簡単だが能率が悪い．RS-232-C はこの方式．
② **ひとまとまりの文字群単位で行う**：文字群の始めに同期用の特殊な文字（SYN 符号，2 個以上並べる）を付けてブロックとする．通信はこのブロック単位で行う（図 5.8）．この方式を**キャラクタ同期式**という．
③ **ひとまとまりのビット列単位で行う**：ビット列のデータの始めと終りを示すために特別のフラグ（通常 1 バイト）を付ける（図 5.9）．ひとまとまりのビット列を**フレーム**と呼び，この方式を**フレーム同期式**と呼ぶ．この方式では 1000 バイト以上のデータでも一つのフレームで送ることができ，能率が良い．今ではフレーム同期式が主流である．

5.2 通信回線上のデータ伝送の実現

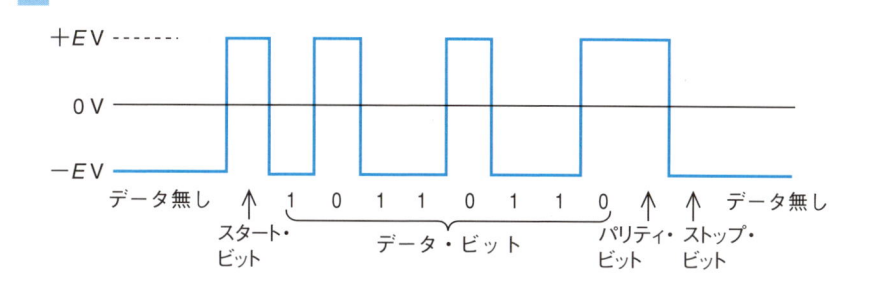

図5.7 調歩同期式のデータ（文字が単位）

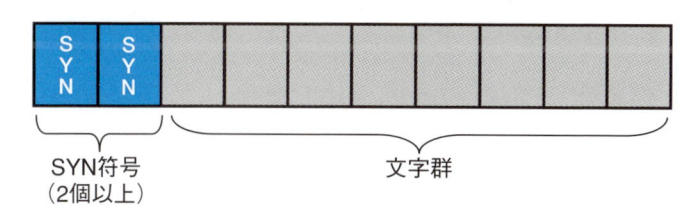

図5.8 キャラクタ同期式のデータ

図5.9 同期式のデータ（フレーム）

フレームのデータは，長さの区切りに制約が無いビット・ベースの伝送と，長さはバイト単位という約束があるバイト（文字）・ベースの伝送とがある．

同期式のとき，データの中身に始めと終りを示すフラグと同じパターンが出てきたら，それを別パターンに変換して送り，受信側で逆変換をする，ということを行う．**図 5.9**（前頁）のフラグの場合，ビット・ベースの伝送なら，データの中身に 1 が 5 個続いたら 0 を詰める，というビット詰めの変換を行う（**図 5.10**）．なお，バイト・ベースの伝送では同様な考えでバイト詰め（文字詰め）を行う．

通信の方向性　通信の方向性に関する約束には，次の 3 種類がある．

① **単方向（simplex）通信**：　　A ⟶ B
② **半 2 重（half-duplex）通信**：A ⟶ B, A ⟵ B　を切り替え
③ **全 2 重（full-duplex）通信**：A ⟺ B　（同時に双方向通信が可能）

全 2 重は線路が二つ必要になるが，融通性が高く，能率の良い通信ができる．

送信・受信のペース合わせ（フロー（流れ）制御）　送信側がデータをどんどん送ると，受信側で，たとえば受信バッファが溢れてしまうことにより，受信が追いつかなくなることも起こり得る．これを防ぐには，送信側は受信側からの**確認応答**をもらってから次の送信を行うようにする．確認応答の際に，受信側の空きバッファ数も併せて連絡することにより，送信側は空きバッファ数に相当するデータを連続送信できる，という効率の良いやり方もある．（**図 5.11**）．なお，同図のようにデータのやり取りを時系列的に表した図を**シーケンス図**（または**時系列図**）という．

通信の信頼性の向上（誤り制御）　通信路では伝送エラーが起こり得る．これに対処するためには，通信データに冗長性を持たせ，**誤り検出**または**誤り訂正**をできるようにする．これにはいくつかの方法がある．

① **パリティ・ビットの付加**：文字ベースの伝送の場合，文字ごとにパリティ・ビットを付加して送る．パリティ・ビットを含めて文字の中の 2 進の 1 の個数が奇数個になるようにする奇数パリティと，偶数個になるよう

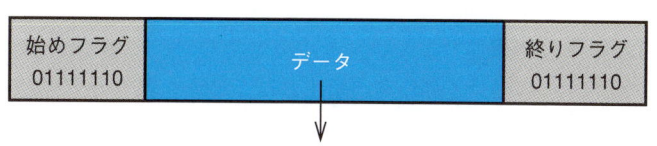

5.2 通信回線上のデータ伝送の実現

始めフラグ 01111110	データ	終りフラグ 01111110

元のデータ：　　　　0110111111111111111110010
送り出すデータ：0110111110111110111110010010（1が5個続いたら
受信側での復元：0110111111111111111110010　　　　0を詰める）

図 5.10 フラグと同じパターンを避けるためのビット詰め

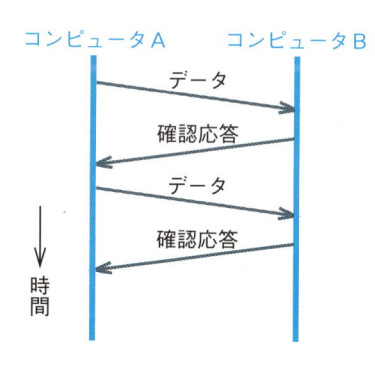

(a) 単位データごとの確認応答

(b) 複数データごとの確認応答

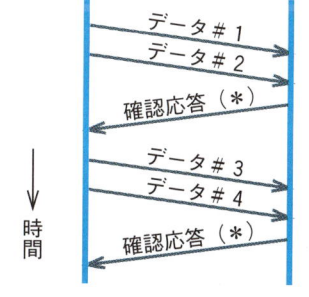

＊：最終受信データの番号と空きバッファ数を連絡

図 5.11 フロー制御

にする偶数パリティとがある．パリティ・ビットにより，1 ビットの誤り検出ができる（57 頁図 5.7）．この方式を**パリティ・チェック方式**という．
② **誤り訂正符号の利用**：たとえば，もともと 7 ビットの ASCII 文字の伝送に，11 ビットのハミング符号を利用すれば 1 ビット誤りの訂正が可能である．
③ **誤り検出用のビット群の付加**：データをフレームとして送る場合，フレームのデータにある演算をした結果のビット群を付加して送る（図 5.12）．よく用いられるのが**巡回冗長検査**（**CRC，Cyclic Redundancy Check**）**方式**である．

巡回冗長検査方式の例：
［送信側］データに対して次の多項式計算をする．
　　データ：各ビットを $b_0, b_1, b_2, \cdots, b_{n-1}$ とする．
　　計算式：次の式の余りを求める（分母の式を**生成多項式**と呼ぶ）．
$$\frac{(b_0 \cdot x^{n-1} + b_1 \cdot x^{n-2} + b_2 \cdot x^{n-3} + b_3 \cdot x^{n-4} + \cdots + b_{n-2} \cdot x + b_{n-1}) \times x^{16}}{x^{16} + x^{12} + x^5 + 1}$$
ただし，多項式の係数の計算はモジュロ 2（-1 は 1 にする）で行う．
この余りを次式とする．
$$r_0 x^{15} + r_1 x^{14} + r_2 x^{13} + \cdots + r_{15}$$
　　付加ビット群：$r_0, r_1, r_2, \cdots, r_{15}$ を 16 ビットの付加ビット群とする．
［受信側］受信したデータについて同じ計算をして，合っているかどうかチェックする．それと同じことであるが次の式，
$$\frac{\text{計算式の分子} + r_0 x^{15} + r_1 x^{14} + r_2 x^{13} + \cdots + r_{15}}{\text{計算式の分母}}$$
を計算して，余りが 0 であるかどうかチェックする．0 でないなら通信エラーである．これで 2 個までの 1 ビット誤りがあっても，また奇数個の 1 ビット誤りがあっても検出できる．誤りを見付けた場合は送信側にそれを知らせ，データを再送してもらう．

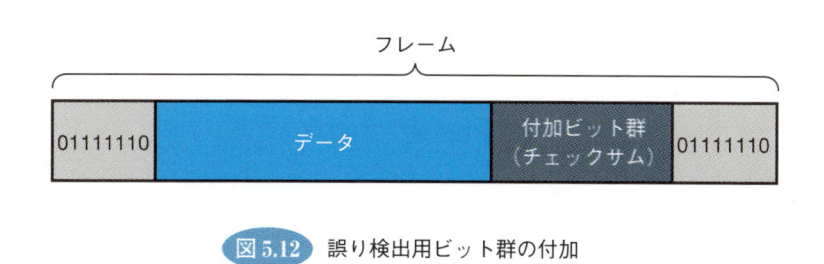

5.2 通信回線上のデータ伝送の実現

| 01111110 | データ | 付加ビット群
（チェックサム） | 01111110 |

フレーム

図5.12 誤り検出用ビット群の付加

5.3 主要なデータリンク・プロトコル

HDLC（ハイレベルデータリンク制御手順, High-level Data Link Control procedures） 国際標準のデータリンク・プロトコル．フレーム同期式でビット・ベースの伝送．フレームの形式を図 5.13 に示す．フレームの始めと終りのフラグおよびビット詰めは 5.2 節で述べた方式．フロー制御のために，制御フィールドに 3 ビットのフレーム通し番号があり，最大 8 フレームまでの連続送信ができる（受信の確認をまとめて行える）．全 2 重通信をサポートしており，双方向の同時伝送ができる．誤り制御は 60 頁で述べた CRC 方式．アドレスフィールドは，1 回線に複数端末をぶらさげるときに使われる．

PPP（2 地点間プロトコル, Point-to-Point Protocol） インターネットで次のような 2 地点間の相互接続に使われる．全 2 重通信をサポートしたフレーム同期式のプロトコルである．
- モデムと電話網を介しての，家庭のコンピュータとインターネットのプロバイダのルータとの間の接続
- ルータとルータ間の専用線による接続

PPP は次の三つの機能を持つ．

> ① データ（上位のプロトコルのヘッダ＋データをカプセル化したもの）を 2 地点間で運ぶ機能．
> ② 2 地点間の通信の関係（データリンク結合）の確立と構成設定機能（リンク制御プロトコル）
> ③ 上位のネットワーク層のプロトコルの確立と構成設定機能（ネットワーク制御プロトコル群）

①の機能は HDLC をベースに作られた．ただし，HDLC はビット・ベースの伝送だが，PPP はバイト・ベースである．フレーム形式は HDLC と類似している（図 5.14）．プロトコル・フィールドは，その後ろのデータ部分が従っているネットワーク層プロトコルの種別を示す．デフォルトではフロー制御は行われない．③は分類としてはデータリンク層の機能ではなく，ネットワーク層の機能である．ネットワーク層のプロトコルについて合意をとる機能や，

5.3 主要なデータリンク・プロトコル

8ビット	8	8	0以上	16	8
01111110	アドレス	制御	データ	チェックサム	01111110

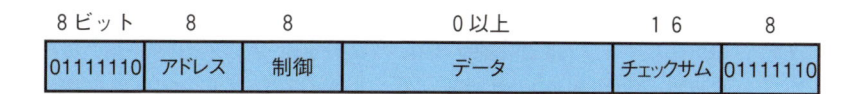

図5.13 HDLC（ハイレベル・データリンク制御手順）のフレーム形式

8ビット	8	8	16	可変	16	8
01111110	アドレス 11111111	制御 00000111	プロトコル	データ	チェックサム	01111110

図5.14 PPP（2地点間プロトコル）のフレーム形式

電話網を介したインターネット接続などのために IP アドレス（7 章参照）を割り当ててもらう機能などが含まれる．

SLIP（シリアル回線 IP，Serial Line IP） 家庭のコンピュータからモデムと電話網を介してインターネットへ接続するための別のプロトコル．ネットワーク層の IP パケット（7.3 節参照）の後ろに特別なフラグ・バイトを付け加えるだけの簡単なものである．IP パケットしか送れないこと，誤り検出機能も無いこと，などからこれからは使われない．

第6章

ローカルエリア・ネットワークを介した接続

職場や学校のコンピュータはローカルエリア・ネットワーク（LAN，構内網）によって相互に接続されている．主なローカルエリア・ネットワークの構成と，通信の仕組みについて述べる．ローカルエリア・ネットワークを介した通信のプロトコルもデータリンク層に位置付けられる．

6.1 LAN プロトコルで考慮すべきこと
6.2 LAN プロトコルの位置付け
6.3 主要な LAN
6.4 無線 LAN
6.5 LAN 間の接続

6.1 LANプロトコルで考慮すべきこと

LANでは複数のコンピュータで線路などの資源を共用する．このため，LANを介した通信のプロトコルは次のような点に付き考慮が必要である．

> (1) **通信相手の指定**
>
> LANに接続するコンピュータを区別するためにアドレスを付ける．これはLANレベルのアドレスであり，コンピュータのLANインタフェース（**LANアダプタ**または**LANカード**と呼ばれる）に付けられる．これは**物理アドレス**，**ハードウェア・アドレス**，または**MACアドレス**（MAC＝Media Access Control, 6.2節参照）と呼ばれる．（なお，コンピュータ・ネットワークのプロトコルの上位階層ではこれとはレベルの異なるアドレスが用いられている．図6.1．7章〜11章を参照．)
>
> (2) **通信のぶつかりの交通整理**
>
> 同時に複数の通信要求が出たとき，線路の割当てのための制御が必要である．コンピュータから見れば線路への**アクセス方式**である．このために考えられる方式を挙げる．
>
> ① コンピュータごとに通信できる時間枠（線路を使える時間枠）を順番に割り当てておく（信号のある交差点方式）．各コンピュータが時々しか通信しない場合（LANではそれが普通），能率が悪い．
>
> ② 通信のぶつかりを検出できるようにし，そのときの譲るルールを決めておく（信号なし交差点方式）．
>
> ③ 1枚の通行札を用意し，その通行札をつかんだコンピュータが通信できる．通信が終わったら，札は放す（鉄道単線でのタブレット方式）．
>
> 図6.2参照．LANでは，たまに，多量のデータを送りたい（間欠的（バースト）負荷），ということが多く，②や③の方式が用いられている．

6.2 LANプロトコルの位置付け

LANのプロトコルはデータリンク層に位置付けられる．なお，個別のLAN（たとえばイーサネットなど）のプロトコルはデータリンク層の下位部分—**媒**

6.2 LANプロトコルの位置付け

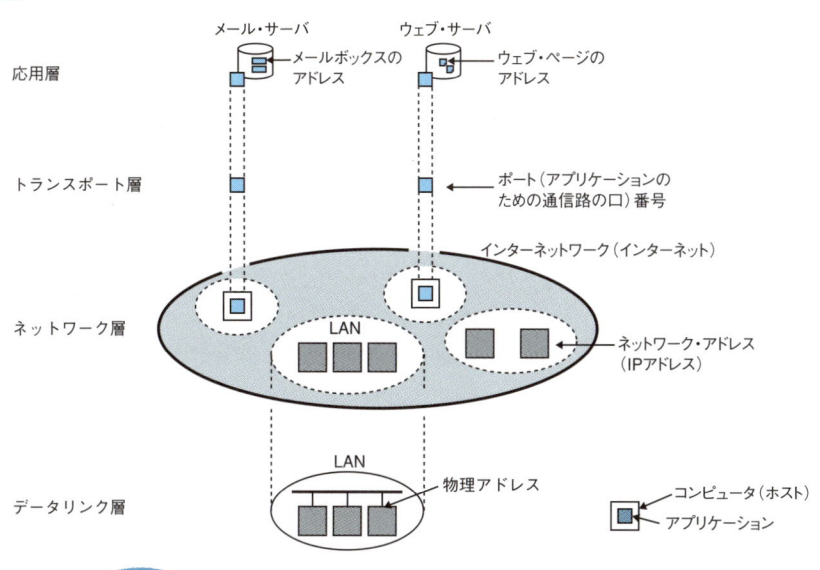

図6.1 ネットワーク内のさまざまなレベルのアドレス

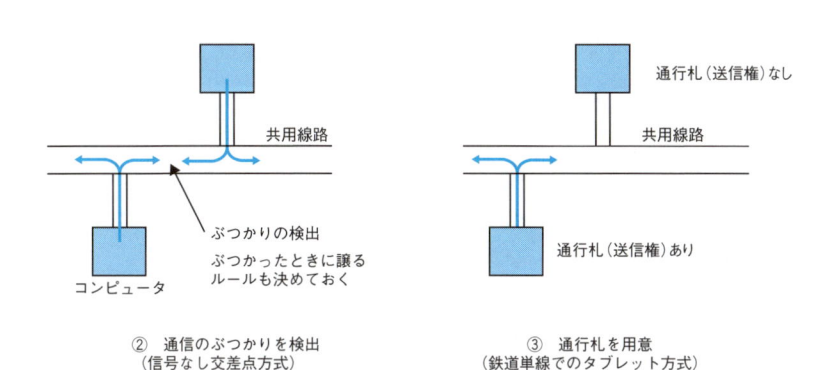

図6.2 線路へのアクセス方式

② 通信のぶつかりを検出
（信号なし交差点方式）

③ 通行札を用意
（鉄道単線でのタブレット方式）

体アクセス制御（Medium Access Control）**副層**—に位置付けられ，その上位に**論理リンク制御**（Logical Link Control）**副層**としてフロー制御や確認応答を行える共通プロトコルが用意されている．ただし後者はインターネットのIPパケットの伝送では使われない．

6.3 主要な LAN

イーサネット（Ethernet）　イーサネットはゼロックス社の研究所で開発された技術をもとに製品化された．10 Mbps の伝送速度を持つ．簡単な仕組みのものだが広く普及した．米国 **IEEE**（Institute for Electrical and Electronics Engineers）の標準となっている（標準規格の番号は IEEE 802.3）．

(1) **構成**

イーサネットには3種の構成がある：

① **太軸イーサネット**：イーサネットのもともとの構成であり，太い同軸ケーブルを用いたバス型の構成である（図 6.3(a)）．ケーブル（イーサネット・ケーブル）は色が黄色であることから**イエロー・ケーブル**とも呼ばれる．コンピュータはより対線の支線（トランシーバ・ケーブル）により同軸ケーブルに接続される．この支線と同軸ケーブルは簡単な装置（トランシーバ）で結合される．コンピュータには LAN 接続用のインタフェース（コントローラ）が必要である．2種類のケーブルとトランシーバはコンピュータが出す電気を通すが，それら自身は電源を持たない大変簡単な仕組みである．イーサネット・ケーブルの長さは 500 m までで，最大 100 個のノード（コンピュータ）を接続できる．

② **細軸イーサネット**：①より安価にするため，細い同軸ケーブルを用いたもの．ケーブルの長さは 200 m まで，接続ノード数は 30 個まで．

③ **ハブ**：イーサネット・ケーブルの役割を一つの電子装置（ハブ（hub）と呼ばれる）で実現したもの（同図 (b)）．コンピュータはより対線でハブに接続される．ハブはイーサネット・ケーブルの機能をシミュレートしており，論理的にはバス型だが，物理的にはスター型になる．なお，ハブとはもともと車輪の中心の車軸を受ける部分のことを指し，中心の部分と

6.3 主要な LAN

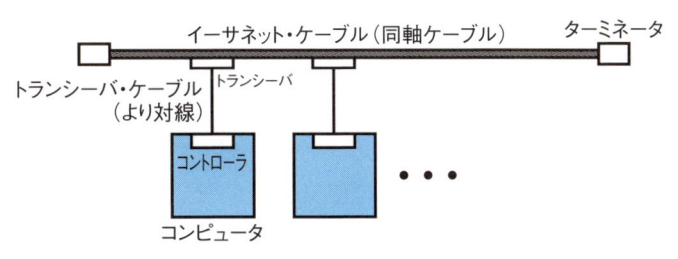

(a) 基本の構成

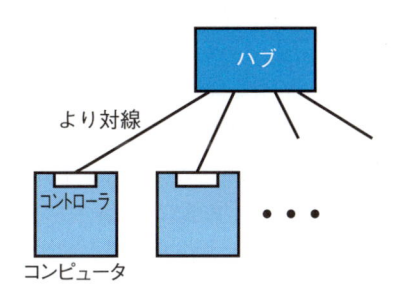

(b) ハブを用いた構成

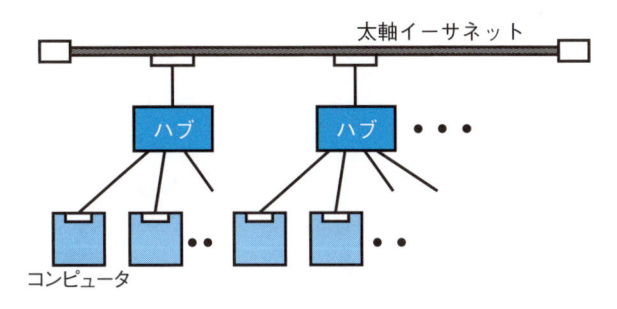

(c) イーサネット同士の接続の例

図6.3 イーサネットの構成

いった意味を持つ．ケーブルがより対線だけで済む利点があり，広く使われるようになった．より対線の最大長は 100 m．

これらの構成同士を接続することも可能であり，全体で一つのイーサネットを構成する．同図 (c)（前頁）に例を示す．太軸イーサネットが基幹（バックボーン）LAN の役割を果たしている．ハブはリピータとしても機能している．

(2) **プロトコル**

● **アドレス**：イーサネットに接続するコンピュータにはそれぞれ 6 バイトのアドレス（物理アドレス）が割り当てられる．このアドレスは，世界でユニークなアドレスとなっている（コンピュータをイーサネットへ接続するインタフェースごとに工場からの製品出荷時にアドレスが割り当てられる）．アドレスの表記は普通 2 桁の 16 進数を 6 個並べる（図 6.4）．

● **アクセス方式**（**線路割当て方式**）：イーサネットではイーサネット・ケーブルが共用の線路であり，同時に 1 組の通信（その通信は半 2 重通信）だけができる．線路割当ての方式は 6.1 節(2)の②の方式による．コンピュータは線路の状況を見て，線路が空いているときに通信を行う．その詳細を図 6.5 に示す．

　i) 通信を開始しようとするコンピュータは線路の状況を調べ，他のコンピュータが通信中なら終わるまで待つ．

　ii) 線路が空いていて通信を開始したが，他のやはり通信を開始したコンピュータとのぶつかりを検出したら，双方がすぐに中止する．そしてそれぞれがランダムな時間待つ．

　iii) 通信を開始してぶつからなければ，通信が成功する．

この方式を **CSMA/CD**（**衝突検出型搬送波感知多重アクセス**）**方式**と呼ぶ．

● **フレーム形式**：図 6.6 に示す．同期信号（7 バイト）は受信側の時計を送信側に同期させるため．アドレスは宛先アドレスと送信元アドレスを持つ．データ長は 1500 バイトまで．チェックサムは CRC 方式による．

● **その他**：イーサネットのプロトコルではフロー制御や確認応答は無い．

(3) **イーサネットの構成方式の呼び方**

イーサネットの構成方式には次のような正式の呼び名が付いている．

太軸イーサネット：**10 Base 5**　　細軸イーサネット：**10 Base 2**

6.3 主要な LAN

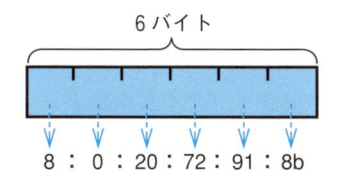

6バイト

8 : 0 : 20 : 72 : 91 : 8b

図6.4 イーサネットのアドレス（物理アドレス）の例

誰かが通信中なら、終わるまで待つ．　通信を開始して他とのぶつかりを検出したらすぐ中止する．　ぶつからなければ通信成功．

ランダムな時間待つ

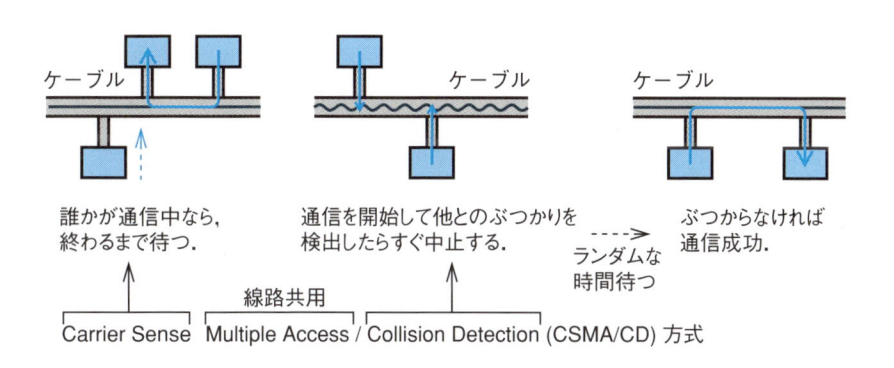

線路共用

Carrier Sense　Multiple Access / Collision Detection (CSMA/CD) 方式

図6.5 イーサネットのアクセス方式

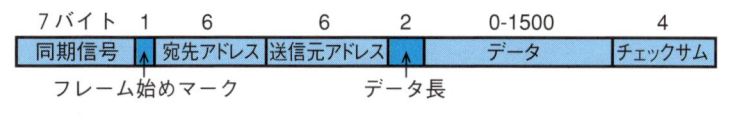

7バイト	1	6	6	2	0-1500	4
同期信号		宛先アドレス	送信元アドレス		データ	チェックサム

フレーム始めマーク　　　　　　データ長

同期信号：　　　　　　10101010 が7個続く
フレーム始めマーク：　10101011

図6.6 イーサネットのフレーム形成

ハブとより対線： 10 Base-T

ここで，始めの 10 は伝送速度が 10 Mbps であること，次の Base はデジタル信号のもともとの周波数による伝送（ベースバンド伝送，baseband signaling）を意味し，また最後の数字はケーブルの最大長を 100 m を単位として示している．T はより対線を示す．

ファスト・イーサネット（Fast Ethernet） 10 Base-T の構成方式で，伝送速度を 10 倍の 100 Mbps に上げたものがファスト・イーサネットである．これは **100 Base-T** と呼ばれる（そのうちカテゴリ 5・ケーブルを使ったものは 100 Base-TX）．

なお，ハブとともに，内部通信速度をさらに高速にして複数の通信を同時に行えるタイプのハブ（**スイッチング・ハブ**または単に**スイッチ**と呼ぶ）もある（図 6.7）．スイッチング・ハブは内部の通信路を単線から複線にしたようなものである．トータルの通信容量がハブにくらべて同時通信可能数倍になる．さらに，コンピュータとスイッチ間の線路も複線とし，全 2 重通信を可能にしたものもある（コンピュータから見て，2 倍の通信容量になる）．また，スイッチング・ハブは 10 Mbps での接続も可能にしているものが多い．

接続ケーブルに光ファイバ・ケーブルを使うと 2000 m までの長さが可能である（光ファイバの場合は 100 Base-FX）．

各マシンとのインタフェースは，伝送速度を除いてイーサネットと同様であり，またフレーム形式も同じである．

ギガビット・イーサネット（Gigabit Ethernet） ファスト・イーサネットの伝送速度をさらに 10 倍上げて 1 Gbps にしたものがギガビット・イーサネットである（1000 Base-X）．これは 1998 年にプロトコルの標準化が完了した．スイッチ・タイプの製品が出ている．接続用ケーブルは，光ファイバの他，同軸ケーブルやより対線も可能である．大容量の伝送が必要な基幹（バックボーン）LAN や，サーバ・コンピュータの接続などに使われている．

10 ギガビット・イーサネット（10 Gigabit Ethernet） 10 Gbps の伝送速度を持つ．2002 年にプロトコルの標準化が完了した．スイッチ・タイプだけに

6.3 主要な LAN

ハブ

○ ×

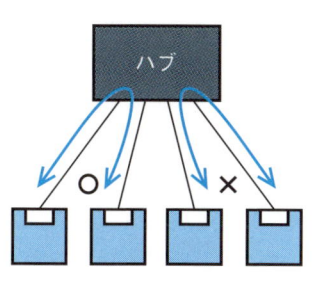

同時には1組の通信だけ
(a) ハブ

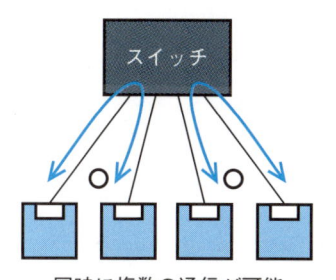

スイッチ

○ ○

同時に複数の通信が可能
(b) スイッチング・ハブ（スイッチ）

図6.7 ハブとスイッチ

なり，かつコンピュータとスイッチ間は全2重通信だけになり，衝突検出機能（CSMA/CD）はサポートされない．光ファイバのみをサポートし，最長40 km までで，LAN としてだけでなく，WAN としても利用できるよう考慮されている．フレーム形式はイーサネットのままである．

トークンリング（Token Ring）　トークンリングは IBM 社が開発したリング型の LAN．これも IEEE の標準となっている．伝送速度は 16 Mbps．

構成を図 6.8 に示す．リング・インタフェース間がそれぞれ線路で結ばれ，全体としてリングを構成している．データはリングを一方向に回る．これは，各リング・インタフェースで受け取ったデータを1ビットの遅れで次にパスすることで実現されている．

アクセス方式は 6.1 節 (2) の③の方式による．どのコンピュータも通信をしていないときは，3バイトの**トークン**と呼ばれる信号（これが通行札である）がリングをぐるぐる回っている．通信をしたいときはまずトークン信号をつかまえて，これをパスせずに代わりに送信したいデータを線路に流す．送信が終わった後で，トークン信号をリングに戻す．

FDDI　FDDI は Fiber Distributed Data Interface の略で，光ファイバを用いた高速のリング型の LAN である．伝送速度は 100 Mbps．

構成を図 6.9 に示す．信頼性を上げるためリングは二つある．データの流れる方向は逆向きである．

FDDI のプロトコルはトークンリングをベースとして作られている．トークン信号を利用したアクセス方式もほぼ同様である．

ATM　ATM は**非同期転送モード**（Asynchronous Transfer Mode）の略で，ATM ネットワーク内でデータの転送が非同期に行われることから名前が付いている．ATM は高速の伝送媒体および高速のスイッチからなるメッシュ型のネットワークである．データはすべて**セル**と呼ばれる小さな単位（ヘッダ5バイト，データ 48 バイトの計 53 バイト）に分割されて，ネットワーク内を伝達される．セルという小さな固定長のデータであることにより，高速のスイッチングが可能になる．ATM では 155 Mbps および 622 Mbps の伝送速度をターゲットにしている．155 Mbps は高品位のテレビ映像を圧縮無しに送れる速度

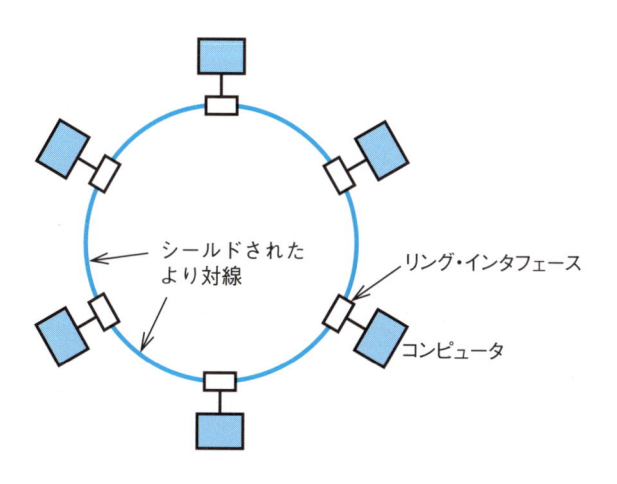

図 6.8 トークンリングの構成

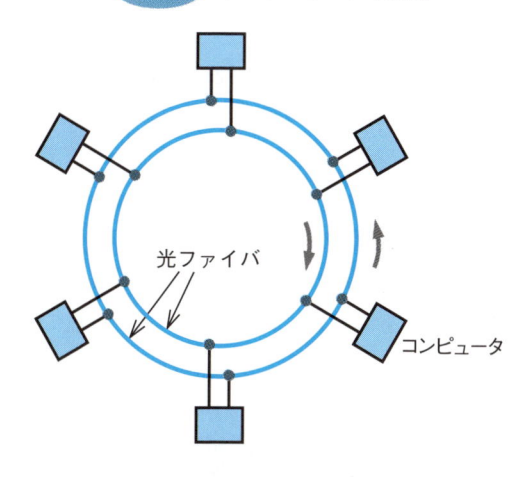

図 6.9 FDDIの構成

である．

ATMネットワークには経路制御機能も含まれており，広域網にも使われる．

6.4 無線 LAN

無線通信を利用したLANすなわち無線LANは，コンピュータをネットワークへ接続する上での配線のわずらわしさが無いため，職場や家庭で広まってきた．無線LANへの接続について図 6.10 に示す．コンピュータ側にはアンテナ内蔵の無線LAN接続機能（無線LANカードなど）が必要である．コンピュータと無線LANのハブに相当する装置（**アクセスポイント**と呼ぶ）との間で無線通信を行う．アクセスポイントは有線LANにより，基幹LANまたはルータなどに接続される．なお，アクセスポイントは同時に利用できる無線周波数や，コンピュータからの距離などを考慮して複数台設置されることもある．無線LANでは盗聴への対策として暗号化して通信する機能が必要である．無線LANのプロトコルもIEEEで標準化されている．

IEEE 802.11b 2.4 GHz帯の周波数を使った最大伝送速度11 Mbpsの無線LANの規格であり，無線LANで広く使われている．2.4 GHzから2.5 GHzまでの100 MHzは，電子レンジの電波が使う帯域で，無免許で使えるため，コードレス電話や医療用機器などもここを使っている．通信可能距離は50〜100 m程度．無線の場合は空間が通信媒体であり，周波数を分けて同時に複数の通信をできるようにしている．日本では標準的には図 6.11 に示すように配置して，三つないし四つの無線通信を同時に行えるようにする．最上位の帯域は日本でだけ使用可能であり，この帯域に対応していないコンピュータも多い．無線通信の暗号化には **WEP**（Wired Equivalent Privacy）と呼ばれる方式を採用している．ただし，強度はあまり高くない．

より高速の無線 LAN 5.2 GH周辺の周波数帯域を使った最大伝送速度54 MbpsのIEEE 802.11a規格（日本では屋内使用のみ可）や，2.4 GHz帯の周波数を使った最大伝送速度54 MbpsのIEEE 802.11g規格があり，製品が出始めている．

6.4 無線LAN

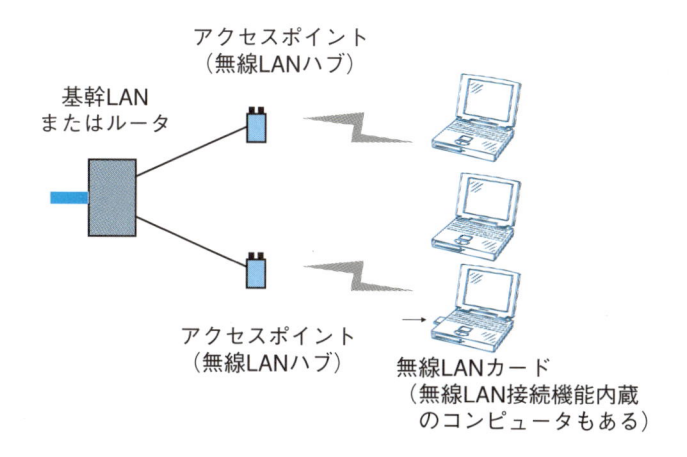

図6.10 無線LANへの接続

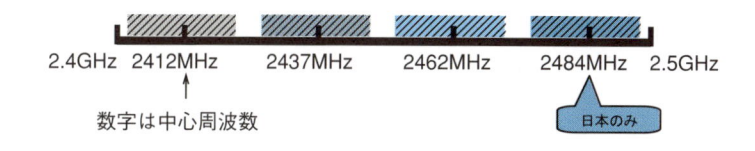

図6.11 無線LAN（IEEE802.11b）の使用周波数の標準配置

2.4GHz　2412MHz　　2437MHz　　2462MHz　　2484MHz　2.5GHz

数字は中心周波数

日本のみ

B：ブリッジ

部門LAN

基幹LAN

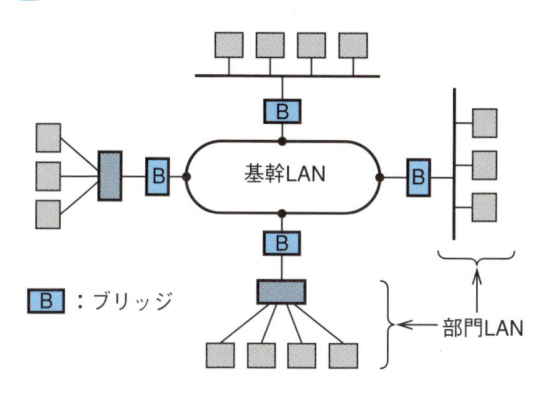

図6.12 LAN間接続の例

6.5 LAN 間の接続

　企業や学校で，コンピュータ台数の増加に伴い，一つの LAN だけでは容量が不足することが起こる．そこで複数の LAN を設置し，LAN 間を接続することが行われる．部門ごとに LAN を設置し，それらを高速の基幹（バックボーン）LAN で接続する，という形態が普通である（前頁図 6.12）．異種の LAN 間を接続するにはブリッジを介する必要がある．

第7章
インターネットワーク

　複数のネットワーク（ローカルエリア・ネットワークや広域網）を接続したより大きなネットワーク（インターネットワーク）で，任意のコンピュータ間の通信を可能にするためには，隣り合うコンピュータ間での約束事の次のレベルの約束事が必要である．それがインターネットワーク・プロトコル（略してネットワーク・プロトコル）である．

> 7.1　ネットワークの成立ち
> 7.2　インターネットワークを介した通信のための約束事
> 7.3　主要なインターネットワーク・プロトコル
> 7.4　経路制御

7.1 ネットワークの成立ち

インターネットワークとサブネットワーク　LAN や広域網などを接続して，全体として大きなネットワークを構成したとき，全体のネットワークをネットワークのネットワークという意味で**インターネットワーク**または略してインターネット（internet）と呼び，それに対して要素のネットワークを**サブネットワーク**と呼ぶ（図 7.1）．（いずれであるかの厳密さが必要でないときは，単にネットワークという用語を使う．）

なお，インターネットという用語は，インターネットワークを指した一般用語と，9 章で述べる具体的なネットワークの名前と 2 通りに用いられる．英語では前者は小文字で始まり，後者は大文字で始まるから区別がつく．本書では前者の意味にはできるだけインターネットワークの用語を使う．

同様にサブネットワークは一般用語として用い，ネットワーク内のアドレス管理に関連して特定のネットワークの区分を意味するサブネットとは区別する．

ホストとルータ　ネットワークを介して通信をするコンピュータを**ホスト**と呼ぶ．サブネットワークをつなぐ役割を持ったコンピュータ（または通信装置）を**ルータ**と呼ぶ（図 7.2）．（なお，ルータもホストである．）

インターネットワークを介した通信は，サブネットワークを介した通信の組合せとして実現する．例として，図 7.2 でホスト A からホスト B への通信は，

① ホスト A からルータ a へのサブネットワーク 1 を介した通信
② ルータ a からルータ c へのサブネットワーク 2 を介した通信
③ ルータ c からホスト B へのサブネットワーク 4 を介した通信

として実現する．ルータで通信を**中継**する．

7.2 インターネットワークを介した通信のための約束事

次のような約束事が必要である．これらを具体的に取り決めたものが**インターネットワーク・プロトコル**（または**ネットワーク・プロトコル**）である．

7.2 インターネットワークを介した通信のための約束事

インターネットワーク

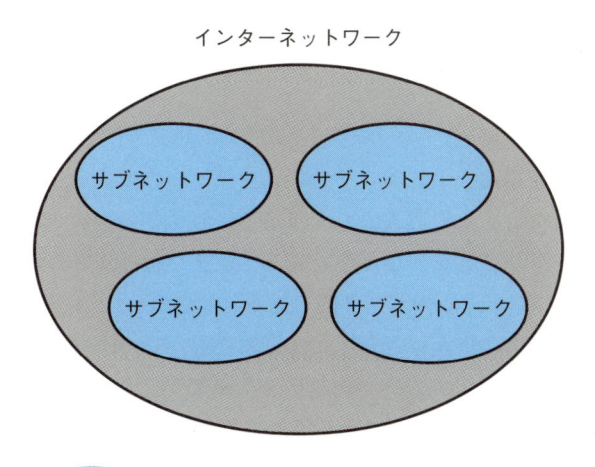

図7.1 インターネットワークとサブネットワーク

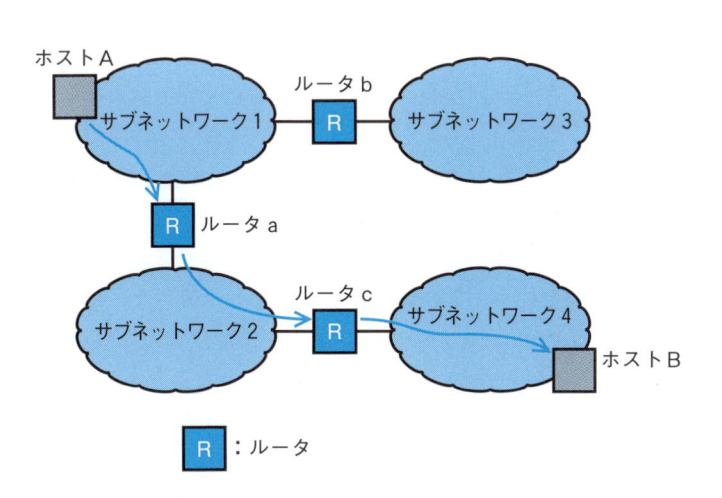

図7.2 ルータによるサブネットワークの接続

ネットワーク・アドレスによるホストの区別　インターネットワークに接続するすべてのホストを区別できるようにアドレスを付ける．これを**ネットワーク・アドレス**という（LANアドレスなどのサブネットワーク内のアドレスとは別）．なお，ルータは特別で，つながるサブネットワークごとにアドレスを持つ．

データのカプセル化　ホスト間で受け渡すデータの形式をサブネットワークとは独立に定義する．この形式は，実際に受け渡すデータに，宛先および送信元のネットワーク・アドレスなどを入れるヘッダを付けたものにする．それをデータリンク・プロトコルのデータ部で送る（**図7.3(a)**）．ルータでは，ホスト間で受け渡すデータの積み替えを行う（**同図(b)**）．このようにホスト間で受け渡すデータをカプセル化することにより，どんなサブネットワークでも通ることができる．

通信路の割当て：パケット交換
(1) **通信路の割当て方式**

ホスト間で受け渡すデータに対して複数のサブネットワークを渡る通信路をどのように割り当てたら良いだろうか．これにはいくつかの方法がある．
- **回線交換**：一続きの通信（開始から終了まで）に対して，専用の通信路を端から端まで割り当てる方法である（電話の場合のように）．これには，
  - まず，通信路の確立の手続きがいる（電話のダイヤルに相当）．
  - その後は，通信路を専用できる（データが流れなくても確保されている）．

この方式を**回線交換**という．これはデータを時々しか流さない使い方では，無駄が大きい．また，LANなどのサブネットワークでは実現できない．
- **メッセージ交換**：もっと能率の良い方法として，ひとまとまりのデータ（メッセージ）ごとに，それが流れるときだけ通信路を割り当てる，という方式が考案された．これを**メッセージ交換**という．ルータでは，メッセージをいったん受け取って（蓄積），送り出す次のサブネットワークを選択して，送り出す（交換）．この方法を**蓄積交換**（**store and forward**）と呼ぶ．

メッセージ交換では長いメッセージも許すので，それに備えてルータに大きなメモリを用意しておく必要があるなどの問題がある．
- **パケット交換**：メッセージ交換の問題点を解決するために，一度に送るデー

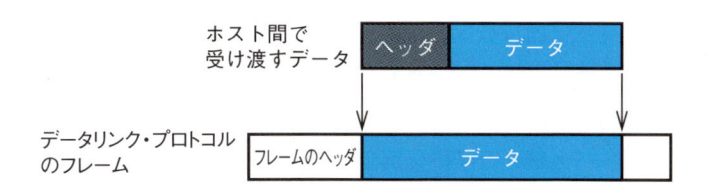

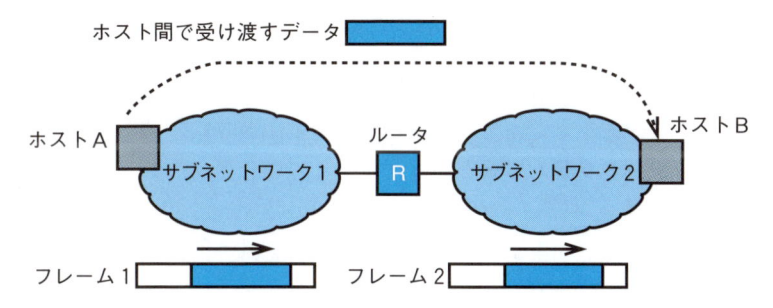

7.2 インターネットワークを介した通信のための約束事

ホスト間で受け渡すデータ：ヘッダ + データ

データリンク・プロトコルのフレーム：フレームのヘッダ + データ

（a）データの関係

ホスト間で受け渡すデータ

ホストA — サブネットワーク1 — ルータ R — サブネットワーク2 — ホストB

フレーム1　フレーム2

（b）サブネットワークごとのデータリンク・プロトコルで運ぶ

図7.3 データのカプセル化

タの長さに上限を設け，長いメッセージは複数のブロックに分割して送る方式が考案された．これにより，より能率の良い通信が可能になる．このブロックを**パケット**（小包を意味する）と呼び，この方式を**パケット交換**と呼ぶ．コンピュータ・ネットワークではパケット交換が使われることが多い．

パケット交換による通信の様子を図 7.4 に示す．送信元と宛先が異なる複数のパケットが（時分割で）通信路を共用する．これにより，通信路を能率良く使える．ルータでは，パケットの蓄積交換を行う．

パケット交換では次の理由で通信に遅れが出る．
- 蓄積交換方式のため．
- 送り出すサブネットワークが他のパケットで使用中であれば，空くまで待つ．

パケット交換にはさらに二つの方式がある．それを次に述べる．

(2) **コネクションレス型パケット交換（データグラム方式）**

一つ一つのパケットが完全に独立に網の中を伝達されていく．電報に似た方式なので，**データグラム方式**と呼ばれる（この場合のパケットをデータグラムと呼ぶ）．
- 各パケットは宛先アドレスと送信元アドレスを持つ．
- 経路制御（後述）はパケットごとに行われる．
- 同一の通信ペア間の通信で，パケットの追越し（後から送り出されたパケットが，別経路を通り，先に宛先に到着すること）もある（図 7.5）．
- 受信したことの確認応答も無い（利用する側で何とかする）．

(3) **コネクション型パケット交換**

通信ペアごとに，一続きの通信の開始時に，まず通信の経路を割り当てる（通信路を割り当てるのではなく，経路だけ割り当てる．仮想的な通信路の割当て，ともいえる）．
- 一続きの通信の開始・終了のための手続きが，プロトコルの一部として必要．
- 各パケットは仮想的な通信路番号だけ持てば良く，ヘッダが短くなる．
- 同一の通信ペア間の通信で，パケットの追越しが無い．
- 確認応答がプロトコルの一部として含まれる．

7.2　インターネットワークを介した通信のための約束事　　**85**

図7.4　パケット交換による通信

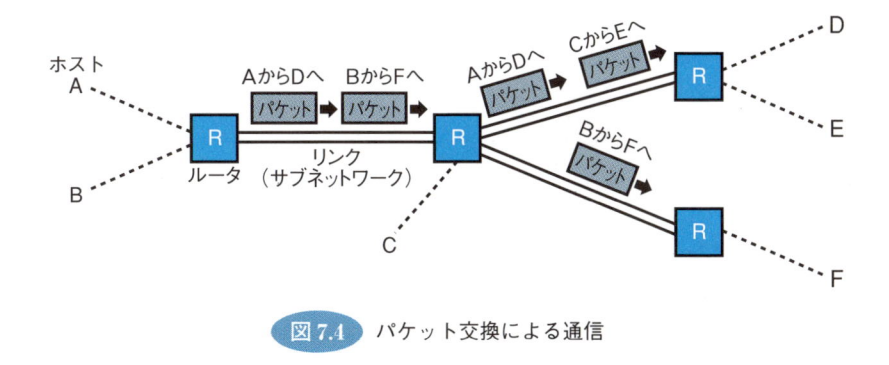

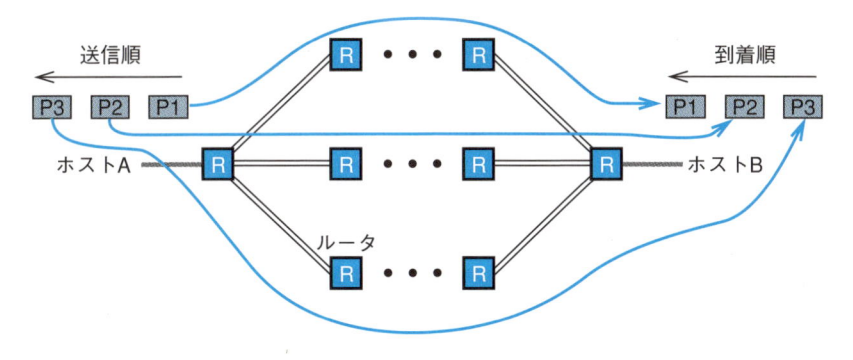

図7.5　コネクションレス型パケット交換ではパケット（データグラム）の追越しも起こり得る

7.3 主要なインターネットワーク・プロトコル

IP（Internet Protocol） インターネットのインターネットワーク・プロトコルである．方式はコネクションレス型のパケット交換．**TCP/IP** の IP はこれを指す．単純であること，また強いこと（どこかの経路が故障しても，また混雑時にも，経路の迂回が容易である）により，インターネットの成功に大きく貢献した．現在はその第 4 版（IPv4）が広く使われている．

---

(1) **ネットワーク・アドレス（IP アドレス）**
　4 バイトのアドレスで**インターネット・アドレス**または **IP アドレス**と呼ぶ．具体的なアドレスの割当てについては 9.4 節で述べる．

(2) **パケット（データグラム）の形式**
　図 7.6 参照．1 行に書くと長いので，4 バイトずつの複数行で表している．ヘッダ＋データの形式になっている．
- 現在のプロトコル・バージョンは 4．
- 全体の長さは 64 K バイトまで．
- サブネットワークのフレーム長の制限から，ルータは，受け取った一つのデータグラムを分割（断片化）して数個のデータグラムとして送り出すことが必要になることがある．分割されたデータグラム（断片，fragment）は識別番号が同じであり，断片のオフセット値から，元のデータグラムでの位置が分かる（元のデータグラムへの組立ては受信側で行う）．
- 生存期間は，送信側で 1〜255 の間の数をセットし，ルータを通るたびに 1 ずつ引いていく．0 になったらエラーで，データグラムは捨てられ，送信元にエラー通知が返される（経路制御に伴うループの防止のため）．

IP 第 6 版（IPv6） これまでの IP 第 4 版（IPv4）ではインターネット・アドレス長の制約から，通信できるコンピュータ数の上限が約 40 億個である．21 世紀にはこれでは不足する，と考えられて，新しい第 6 版が作られた．
　パケット（データグラム）の形式を図 7.7 に示す．基本ヘッダ＋拡張ヘッダ群（オプション）＋データの形式になっている．インターネット・アドレスは 16 バイト＝ 128 ビットになった．ホップ数の上限は，IPv4 の生存期間と同じ

7.3 主要なインターネットワーク・プロトコル

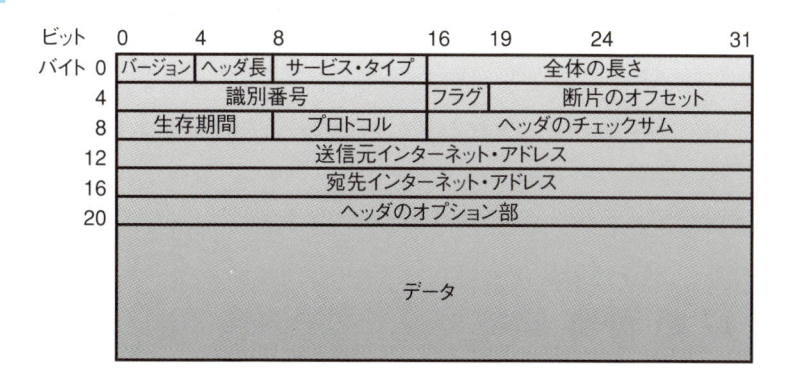

ビット	0	4	8	16	19	24	31
バイト 0	バージョン	ヘッダ長	サービス・タイプ	全体の長さ			
4	識別番号			フラグ	断片のオフセット		
8	生存期間		プロトコル	ヘッダのチェックサム			
12	送信元インターネット・アドレス						
16	宛先インターネット・アドレス						
20	ヘッダのオプション部						
	データ						

図7.6 IPデータグラムの形式（IPv4）

ビット	0	4	12	16	24	31
バイト 0	バージョン	トラフィック種別	フロー・ラベル			
4	データ部の長さ			次のヘッダ	ホップ数の上限	
8	送信元インターネット・アドレス						
24	宛先インターネット・アドレス						
40	拡張ヘッダ群（オプション）						
	データ						

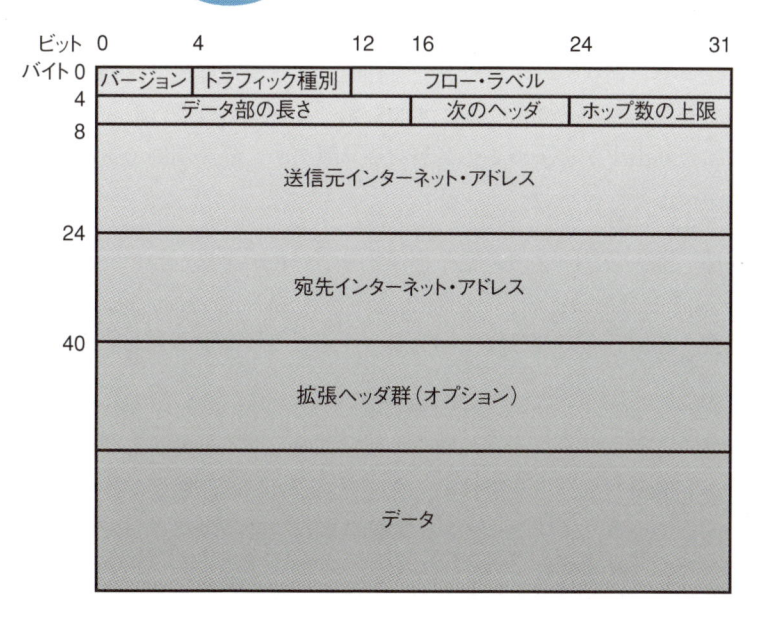

図7.7 IPデータグラムの形式（IPv6）

（ホップ＝一つのサブネットワークを渡ること）．拡張ヘッダにはデータグラムの分割のための断片ヘッダ，パケットの偽造防止のための認証ヘッダ，パケット・データの暗号化のためのヘッダなどがある．

X.25 1970年代に作られた国際標準のパケット交換プロトコル．方式はコネクション型．X.25にはデータリンク・プロトコルも含まれ，それはHDLCと同じ．当時の回線スピードが前提だったので，パケット長が短いなど今では性能的に不十分である．

7.4 経路制御

経路制御（ルーティング）はインターネットワークを成立させている根幹の技術である．一般の利用者にとっては直接見えないが，その恩恵に浴している．

経路制御の必要性 インターネットワークはサブネットワークをリンクとしたメッシュ型（網状）のトポロジーを持つ．メッシュ型では，通信経路の決定すなわち経路制御が必要になる．すなわち，ルータでは受け取ったデータを次にどこに送り出すかを決める必要がある（図7.8）．経路制御の方法には集中型と分散型がある．

> **集中型**：ネットワーク内の経路管理サーバが経路を決定して，ルータに知らせる．
> **分散型**：各ルータで部分経路を決定し，それの積み重ねとして全体の経路が決まる．

分散型の方がネットワークの構成の変化に対して柔軟性がある．また，コネクションレス型パケット交換はデータグラムごとに経路制御が必要なので，分散型が向いている．インターネットの経路制御は分散型になっている．以下は分散型について述べる．

経路制御表とルーティングの基本手順 分散型の経路制御では，各ホストおよびルータは**経路制御表（ルーティング・テーブル）**を持ち，その情報をもとに部分経路の決定を行う．この表の構成法と，表を用いたルーティングの基本

7.4 経路制御

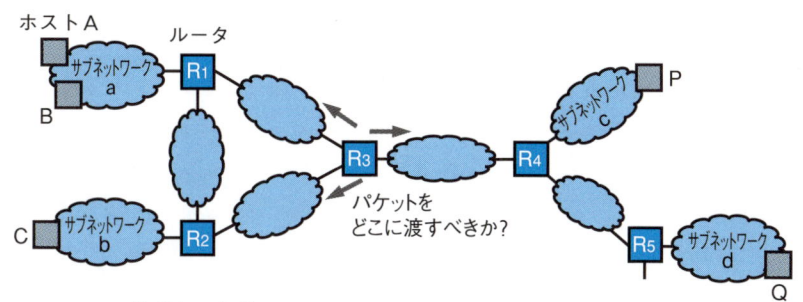

各パケットが，
① いかに宛先にたどり着くか．
② どの経路を通るか．

図 7.8 経路制御の必要性

手順を述べる．

① **ホスト・ルーティング**：宛先ホスト・アドレスと，そのアドレス向けの通信データを渡すべき隣接のルータ（のアドレス）との組を，すべてのホストに対してリストする（表 7.1(a)）．この表を各ホストおよびルータごとに作る．送信元ホストはデータの宛先アドレスをもとにこの表を引いて，同一サブネットワーク上の該当するルータにデータを渡す．データを受け取ったルータは，データの宛先アドレスをもとに自分の表を引いて，該当する隣のルータにデータを渡す．これを繰り返して，データが宛先まで届く．この方式は，ホスト数が多くなると表の作成・保守が困難になる，という問題がある．

② **ネットワーク・ルーティング**：ネットワーク・アドレスを，ホストがつながるサブネットワークの番号＋サブネットワーク内のホスト・アドレス，と階層化する．そして経路制御表でリストする宛先はホストの代わりにサブネットワークとする（同表 (b)）．データの宛先ホスト・アドレスからサブネットワーク番号を切り出して，それをもとに表を引く．①に比べて表の作成・保守がずっと楽になるが，それでもサブネットワーク数が多いときは困難が伴う．（なお，サブネットワークがさらにサブネット（9章参照）に分割されている場合は，サブネットをリストする．）

③ **デフォールト・ルーティング**：表にすべてのサブネットワークをリストすることをせず，その代わりデフォールトのエントリを作る（同表 (c)）．表にリストされていないサブネットワークのホスト宛のデータは，デフォールト・エントリに指定されたルータに渡す．この方式は，表が小さくなる（リストすべきサブネットワークは近傍のものだけになる）だけでなく，デフォールトのルータの先でサブネットワークがどんなつながり方をしているのかさえまったく知らなくて良い（必要な経路決定は先にあるルータがしてくれる），という大きな利点がある．

実際の経路制御表はサブネットワークを宛先としたエントリとデフォールト・エントリとで構成する（表 7.1(c) の形になる）．

7.4 経路制御

表7.1 経路制御表（ルーティング・テーブル）の構成法

図7.8のルータR3のテーブルを例にとる．

(a) ホスト・ルーティング

判断のための情報（メトリック）

宛先アドレス	次のルータ	↓
ホストA	R1	
ホストB	R1	
ホストC	R2	
︙		
ホストP	R4	
ホストQ	R4	
︙		

(b) ネットワーク・ルーティング

ネットワーク・アドレス

サブネットワーク番号	サブネットワーク内アドレス

メトリック

宛先アドレス	次のルータ	↓
サブネットワークa	R1	
サブネットワークb	R2	
サブネットワークc	R4	
サブネットワークd	R4	
︙		

(c) デフォルト・ルーティング

メトリック

宛先アドレス	次のルータ	↓
サブネットワークa	R1	
サブネットワークb	R2	
デフォルト	R4	

ルーティング・アルゴリズム　上では，表を引いてパケットを渡すべき次のルータを知る，と述べたが，ネットワークでは一般に宛先に至る経路が複数あり，どの経路を選択するかを決めるアルゴリズムが必要である．この**ルーティング・アルゴリズム**にはいろいろなものがある．

(1) **静的なアルゴリズム**

あらかじめ，何らかの方法で経路制御表を作り，それに基づいてルーティングを行う．代表的なものに**最短経路ルーティング**がある．これは，宛先迄の経路の長さ（たとえばいくつのサブネットワークを渡るか，というホップ数で長さを定義）が最も短いものを選択する．

(2) **動的なアルゴリズム**

インターネットのように，ネットワークが成長したり，障害が発生したり，と日々変化している場合には，動的なものが必要である．動的なアルゴリズムは次を含む（図 7.9）．

● ルーティングの判断に用いる情報を，ルータ同士で時々交換する．このためにプロトコル（ルーティング・プロトコル）が必要である．

● 各ルータでは，交換した情報をもとに経路制御表を更新する．

● ルーティングは，更新された表を用いて，ある判断基準に従って行う．

動的なアルゴリズムは次の 2 種類がある．

① **距離ベクトル・ルーティング**：宛先への距離情報のリスト（すなわちその時点での自分の経路制御表の情報）を隣り合うルータが交換しあう，というものである．それにより，ルーティングに必要な情報が次第にネットワーク全体に伝播していき，それぞれのルータの表がしだいに完成していく．距離はたとえばホップ数で定義する．ルーティングの判断基準には距離を用いる（もちろん短いものを選択）．距離ベクトル・ルーティングのためのルーティング・プロトコルに **RIP**（**ルーティング情報プロトコル**, **Routing Information Protocol**）があり，インターネットの初期に用いられた．ただし，これは今でも一部（ある組織内のネットワークなど）で用いられている．

7.4 経路制御

①ルーティング用情報の交換

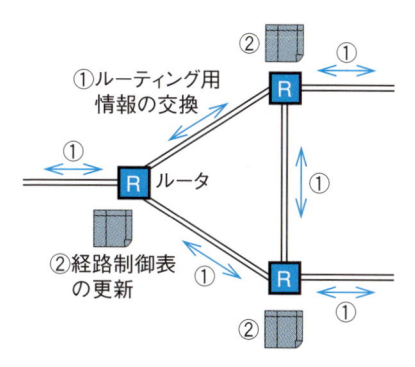

②経路制御表の更新

(i) ルーティング用情報の交換と経路制御表の更新

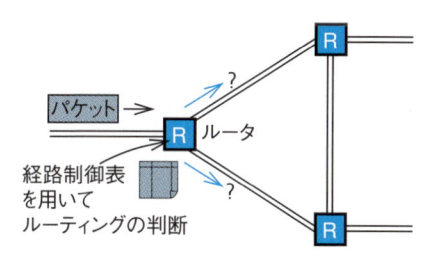

パケット

ルータ

経路制御表を用いてルーティングの判断

(ii) パケットのルーティング

図 7.9 動的なルーティング・アルゴリズム

② **リンク状態ルーティング**：これは，あるルータが隣り合うルータとの間の距離（遅延時間または通信コスト）を計測し，その情報をある部分ネットワーク内のすべてのルータに送る，それにより各ルータではその部分ネットワークの全体構成が分かり，それに基づいて最短パスの計算をする，というものである．

なお，インターネットが巨大なものになって，ルーティング情報を交換する範囲は，部分的なネットワークの内部，および部分的ネットワーク間と階層化されている．前者のためのインターネット標準プロトコルとしてリンク状態ルーティング型の **OSPF**（**オープン最短経路優先**, Open Shortest Path First）プロトコルが決まっている．また後者のためには距離ベクトル・ルーティング型の **BGP**（**境界ゲートウェイ・プロトコル**, Border Gateway Protocol）が使われている．

第8章
トランスポート・サービス

　コンピュータ（ホスト）間での通信が実現された次に，ホスト内のアプリケーション間で通信ができるようにするための仕掛けが必要である．トランスポート・プロトコルにより，アプリケーションに対して信頼性の高い通信路が提供される．

> 8.1　アプリケーション間の通信のための通信路
> 8.2　アプリケーション間の通信路実現のための約束事
> 8.3　主要なトランスポート・プロトコル
> 8.4　トランスポート・サービスの具体化

8.1 アプリケーション間の通信のための通信路

アプリケーション間の通信　ホスト内で実際に通信をしたい主体は電子メールやファイル転送などのアプリケーション・プログラム（略してアプリケーションと呼ぶ）である．アプリケーション間で通信をする場合の約束事は次の2レベルに分けることができる．

> ① 電子メールやファイル転送というアプリケーションの種類によらずに，ホスト間での通信の仕掛けを利用し，その上でアプリケーション間でのデータのやり取りを実現するための共通の約束事
> ② アプリケーションの種類に応じた，アプリケーション固有の約束事

前者の約束事を具体的に取り決めたものが**トランスポート・プロトコル**（トランスポートは輸送，運送といった意味）である（図 8.1）．トランスポート・プロトコルはアプリケーション間の通信のための通信路を実現するものである．なお，アプリケーション固有の約束事（アプリケーション・プロトコル）については 10 章以降で述べる．

トランスポート・サービス　アプリケーションに通信路が提供されるということは，データを相手まで輸送してくれるサービスが提供される，ということである．このサービスを**トランスポート・サービス**という．これはアプリケーションが利用できる OS の機能のようなもの，と考えると分かりやすい．トランスポート・サービスを実現するのはトランスポート・プロトコルである（もちろん間接的にはトランスポート・プロトコルが利用するインターネットワーク・プロトコル以下も実現に関わっている）（図 8.2）．

トランスポート・サービスには次の2種類がある．アプリケーションに提供される通信路が使い方から見て2種類ある，と考えて良い．

> ① **コネクション型**：相手と通信を行うのに，まず始めに相手との間の通信関係（**コネクション**という）を確立して，その次に一連のデータのやり取りを行い，それが済めばコネクションを解除する，というもの．使い方が少し面倒だが，その代わり通信の信頼性が確保される．また，1 回のコネ

8.1 アプリケーション間の通信のための通信路

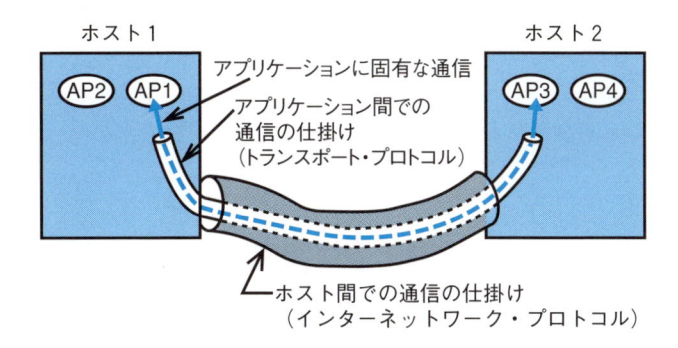

図8.1 アプリケーション間の通信の実現

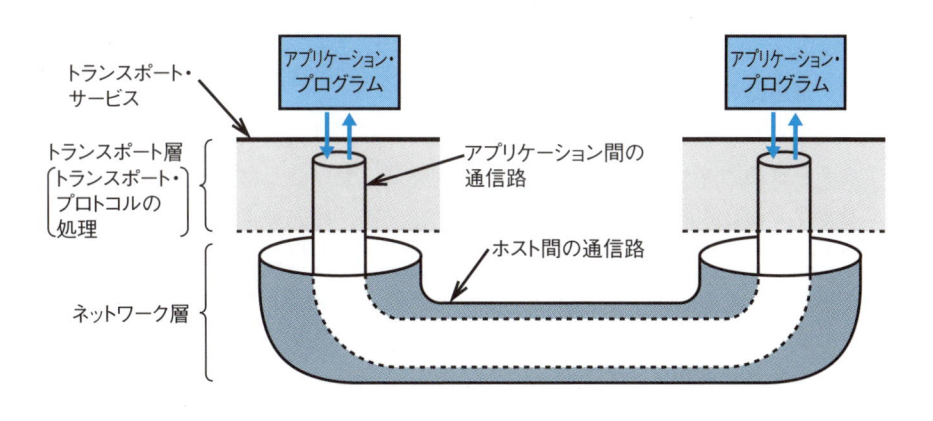

図8.2 トランスポート・サービス

クションでデータのやり取りを何度も行う場合は通信の効率も良い．
② **コネクションレス型**：相手との通信関係を確立すること無しに，単にデータを通信したい相手に送ることができる．使い方は単純である．一つのデータを送るたびに通信路が用意される，ということになるので，データのやり取りを何度も行う場合はオーバヘッドが無視できない．

8.2　アプリケーション間の通信路実現のための約束事

次の事項についての約束事が必要である．

(1) **アプリケーションの区別**

　通信相手のアプリケーション・プログラムを直接区別するのではなく，アプリケーションに対して提供される通信のための口（通信路の出入り口）を区別することが行われる．

(2) **通信路の実現**

　アプリケーション間の通信路を実現するためには次のようにする．

- **データのカプセル化**：アプリケーション間で受け渡したいデータをカプセル化する．これは，実際に受け渡すデータに，宛先および送信元の通信路の出入り口を区別する情報などを入れるヘッダを付けたものにする．カプセル化したデータを，インターネットワーク・プロトコルを利用して，そのデータ部に入れて運ぶ（図 8.3）．
- **通信路の多重化**：複数のアプリケーションの対が通信をする場合にはそれぞれについて通信路が設定されるが，それらはインターネットワーク・プロトコルによって実現されているホスト間の通信路を共用する（アプリケーション間の通信路が**多重化**されて，ホスト間の通信路を使う）（図 8.4）．

(3) **確実なデータ転送**

　アプリケーションに信頼性の高い通信サービスを提供するには，次の3レベルの通信路のどれかを信頼性の高いものにすれば良い．

- サブネットワークの通信路
- ホスト間の通信路

8.2 アプリケーション間の通信路実現のための約束事

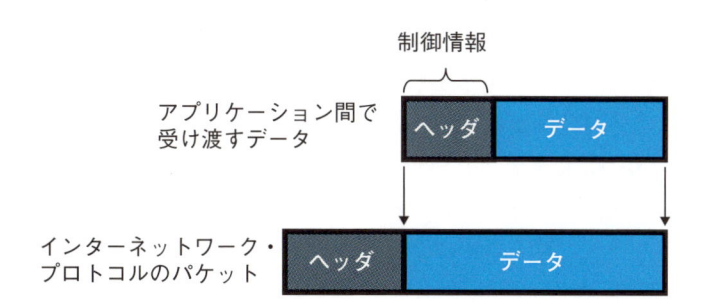

図8.3 アプリケーション間の通信のためのデータのカプセル化

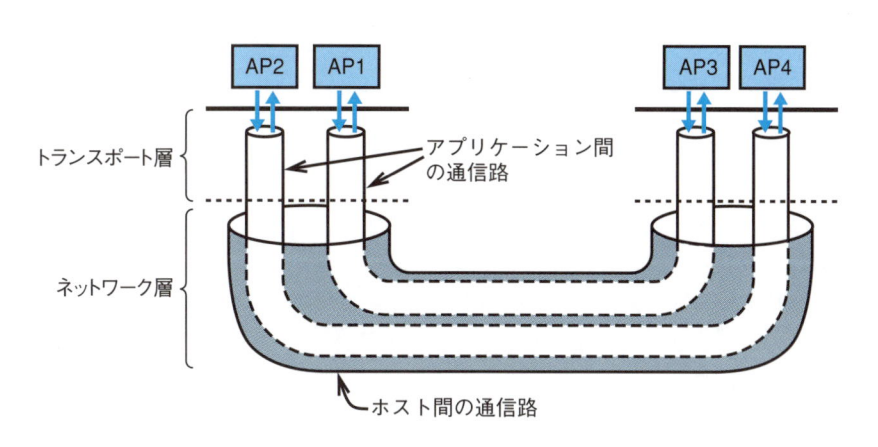

図8.4 ホスト間の通信路を共用（通信路の多重化）

- アプリケーション間の通信路

　通信路の信頼性を上げる手法は 5.2 節に述べたようにプロトコルにフロー制御や誤り制御の手順を含めることである．これらの手法は原理的にはどのレベルのプロトコルにも適用できる．

　インターネットワークではその中に信頼性の低いサブネットワークが含まれてしまう可能性がある．最終的なアプリケーション間の通信路を信頼性の高いものにできれば，下位の通信路に信頼性上の問題があってもカバーできる．インターネットの場合には，信頼性の高い通信路の実現はトランスポート・プロトコルの役割としている．

8.3　主要なトランスポート・プロトコル

TCP（伝送制御プロトコル，Transmission Control Protocol）　インターネットのコネクション型のトランスポート・プロトコル．TCP/IP の TCP である．次のような特徴を持ち，インターネットの多くのアプリケーションで利用されている．
- アプリケーションに対してコネクション型のトランスポート・サービスが提供される．アプリケーション間では全 2 重の通信を行うことができる．
- 信頼性の高いデータ転送を実現する．
- アプリケーション間のデータは TCP によってカプセル化されて，IP データグラムのデータとして相手ホストまで運ばれる．

(1) **ポート番号**

　TCP では通信の相手の区別は，ホスト内のアプリケーションを直接区別するのではなく，アプリケーションに提供される通信路の口（ポート）を区別する．ポートにはそれぞれ**ポート番号**が付けられる（**図 8.5**）．

(2) **アプリケーションのデータの運び方**

　アプリケーションのデータは，1 次元のバイト列（ストリームという）である，として扱われる．アプリケーションは相手に送りたいバイト列を通信路に流し込むだけで，実際にそれがどのように送られるかはプロトコル処理部分に任される．アプリケーションから渡されたバイト列は，プロトコル処理部分で

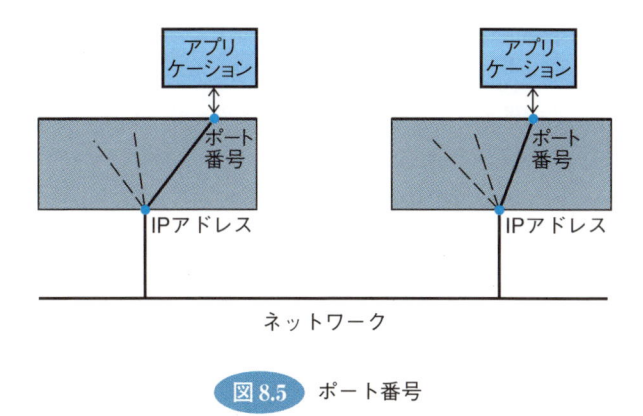

8.3 主要なトランスポート・プロトコル

図8.5 ポート番号

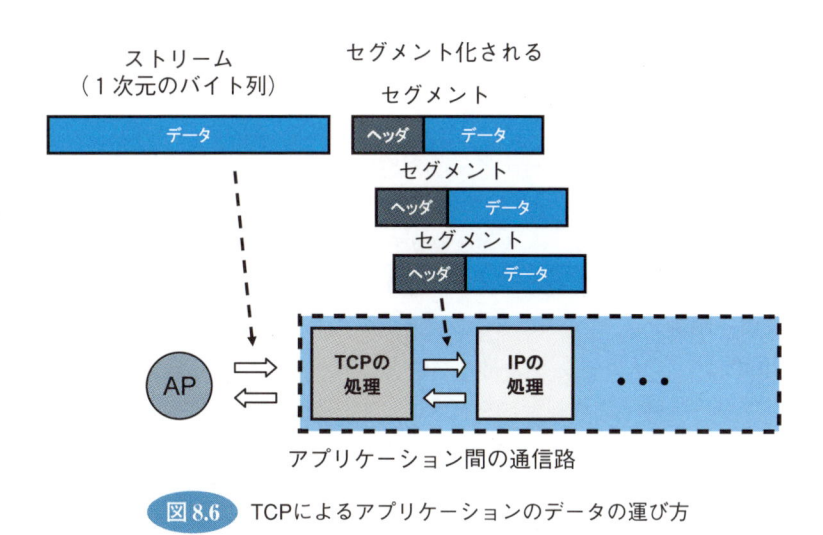

図8.6 TCPによるアプリケーションのデータの運び方

通信に都合が良い長さに分割されて（**セグメント化**されて），プロトコルのデータ部で送られる（前頁図 8.6）．

(3) **TCP セグメントの形式**

TCP では通信されるデータの単位を**セグメント**と呼ぶ．図 8.7 に形式を示す．このデータ部にはセグメント化されたアプリケーションのデータが入る．
- ポート番号は 16 ビットである．
- 順序番号は，このセグメントで運ばれるアプリケーション・データの先頭バイトが，ストリームの何バイト目にあたるのか，を示す．受信側では順序番号をもとに受け取ったセグメントを整列させる（セグメントを運ぶ IP データグラムは追越しが起こりうることに注意）．
- 確認応答番号は，受信側で合計何バイトのデータを受け取ったかを送信側に知らせるもの．これは逆方向に送られるセグメントの中にセットして送る．
- ウィンドウ・サイズはフロー制御で使われる．
- チェックサムは誤り検出用．アルゴリズムは CRC 方式ではなく，データを 16 ビット単位で加算する方式．

(4) **コネクション確立の手順**

指定されたポート間でのコネクションの確立は 3 ステップの握手をするようなやり方をする（図 8.8）．SYN や ACK は対応するビットが制御ビット群の中にある．2 ステップだと，ホスト 2 側からは自分が返答した SYN＋ACK が通信誤り無くホスト 1 に届いたかどうか分からないから，3 ステップにする．

(5) **フロー制御**

TCP ではアプリケーション間での確実なデータの転送を効率良く実現するためにフロー制御（流れ制御）を行う．フロー制御の方式はデータリンク・プロトコルの一つである HDLC のものに類似している．しかし，データリンク・プロトコルのフロー制御は隣りのコンピュータとの間の通信に対するものであるのに対して，TCP のフロー制御はインターネットワークを介したホストの中にあるアプリケーション間の通信に対するものである．データの転送時にフロー制御がどのように行われるかを図 8.9 に例で示す．受信側では受信バッファの空きサイズをヘッダのウィンドウ・サイズに入れて送信側に知らせる．送信側ではそのサイズまでデータを連続送信できる．これにより効率の良いデータ転送ができる．また確認応答番号による受信の確認が行われる．一定時間内に

8.3 主要なトランスポート・プロトコル

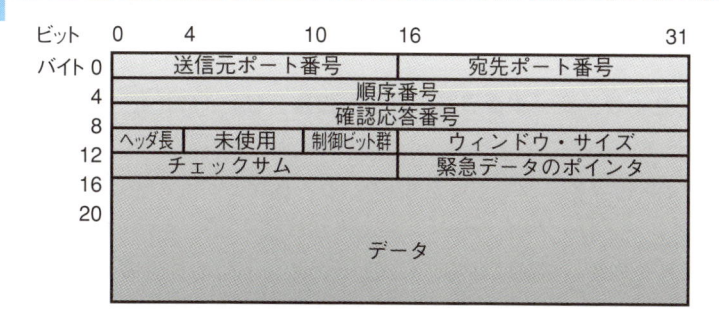

```
ビット  0    4      10   16                    31
バイト 0  | 送信元ポート番号 |    宛先ポート番号      |
      4  |          順序番号                      |
      8  |         確認応答番号                    |
     12  | ヘッダ長 | 未使用 | 制御ビット群 | ウィンドウ・サイズ |
     16  |    チェックサム    |   緊急データのポインタ   |
     20  |              データ                     |
```

図8.7 TCPセグメントの形式

図8.8 TCPのコネクション確立の手順

ホスト1 → ホスト2: SYN
ホスト1 ← ホスト2: SYN+ACK
ホスト1 → ホスト2: SYN+ACK

SYN, ACKは対応する制御ビットがある.

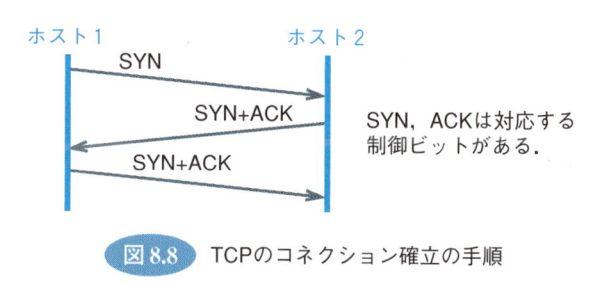

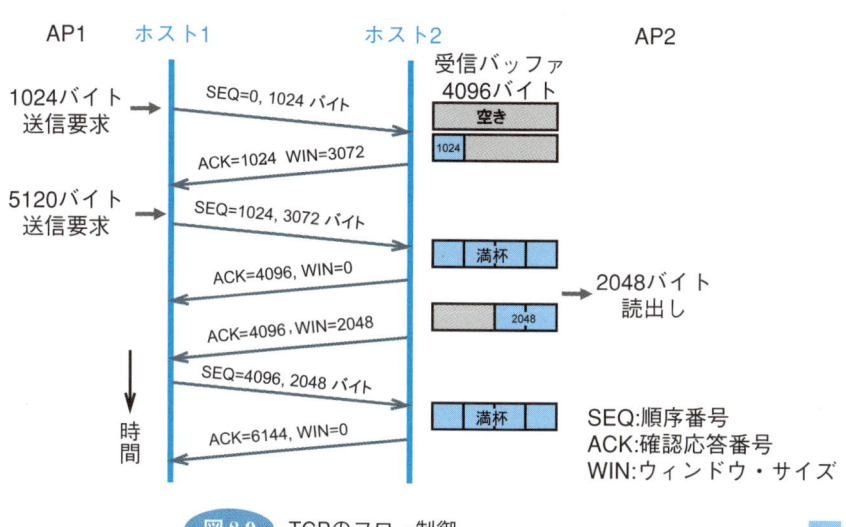

図8.9 TCPのフロー制御

AP1 / ホスト1 / ホスト2 / AP2

- 1024バイト送信要求 → SEQ=0, 1024バイト → 受信バッファ 4096バイト（空き、1024）
- ← ACK=1024 WIN=3072
- 5120バイト送信要求 → SEQ=1024, 3072バイト → （満杯）
- ← ACK=4096, WIN=0
- 2048バイト読出し → (2048)
- ← ACK=4096, WIN=2048
- → SEQ=4096, 2048バイト → （満杯）
- ← ACK=6144, WIN=0

時間 ↓

SEQ:順序番号
ACK:確認応答番号
WIN:ウィンドウ・サイズ

受信の確認がなされないデータは再送される．これにより，信頼性の高い通信が実現される．

UDP（ユーザ・データグラム・プロトコル，User Datagram Protocol）

インターネットのコネクションレス型のトランスポート・プロトコル．アプリケーションにコネクションレス型のトランスポート・サービスを提供する．UDP セグメントは 8 バイトのヘッダとそれに続くデータからなり，IP データグラムのデータとして運ばれる．UDP セグメントの形式を図 8.10 に示す．

8.4 トランスポート・サービスの具体化

コンピュータ・ネットワークにおいて，通信を実現する具体的なインタフェースはプロトコルである．プロトコルによってコンピュータ間の**相互接続性**（アプリケーションが協力して動くことも含めて**相互運用性**ともいう）が実現される．プロトコル処理部分がその上位に対して提供するサービスがどのような形をとるかは，極端にいえばコンピュータごとに別々であってもかまわない．すなわち，プロトコルに付随して抽象的なサービスだけが決まる（図 8.11）．

トランスポート・サービスも，決まっているのは実は抽象的なサービスである．これを具体的なインタフェースとして定義するやり方はいろいろあり得る．TCP の具体的なトランスポート・サービス・インタフェースとして普及しているものにソケット機能がある．これは 13.1 節で述べる．サービス・インタフェースを具体的に定義することにより，それを利用するプログラムが**移植性**を持てるようになる．

8.4　トランスポート・サービスの具体化

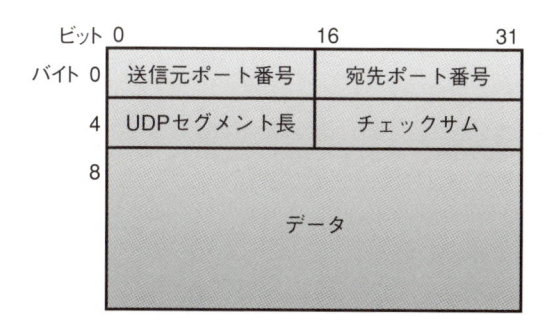

	ビット 0	16	31
バイト 0	送信元ポート番号	宛先ポート番号	
4	UDPセグメント長	チェックサム	
8	データ		

図8.10 UDPセグメントの形式

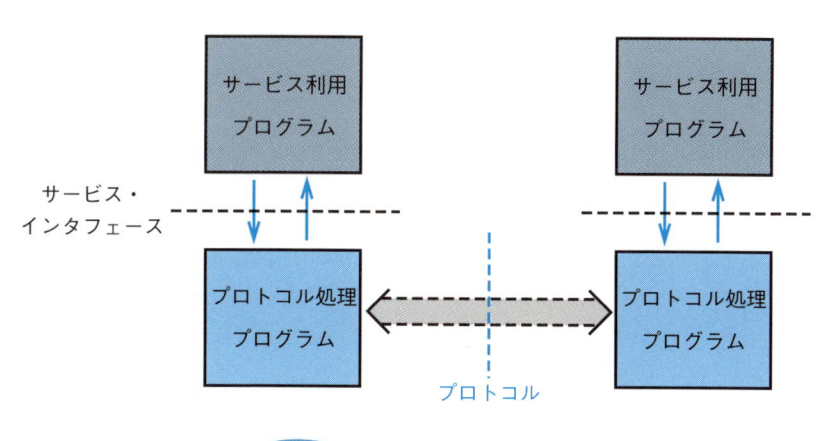

図8.11 プロトコルとサービス

第9章
インターネット

　世界中のサブネットワークを接続した，途方もなく大きなインターネットワークがすでに存在している．その名前がインターネットである．コンピュータを，ADSL や光ファイバ経由で，または有線 LAN や無線 LAN を介して，インターネットに接続することができる．インターネットにおけるアドレスの付与や名前の付与についても述べる．

> 9.1　インターネットとは
> 9.2　インターネットの構成
> 9.3　インターネットへの接続
> 9.4　インターネットの番地付け：**IP** アドレス
> 9.5　ホストの名前：ドメイン名
> 9.6　イントラネット

9.1 インターネットとは

世界中のネットワークを結んでいる具体的なインターネットワークの名前が**インターネット**（**Internet**，大文字で始まることに注意）である．

インターネットの起源は，米国の国防総省の一機関であるARPA（Advanced Research Projects Agency）がスポンサーになり，大学・研究所が参加して1969年から始めた実験コンピュータ・ネットワークであるARPANETにさかのぼる．ここで，データグラムによるパケット交換という方式が採用された．その後，TCP/IPが基本のプロトコルとして提案され，採用された．ARPANETは研究者たちにより利用され，その後形を変えて次第に発展してきて，今のインターネットに至った．

表9.1にインターネットの接続ホスト数の推移を示す．年を追うごとに，接続ホスト数が爆発的に伸びてきた．日本がインターネットにつながったのは1989年である．

9.2 インターネットの構成

インターネットの構成の概念図を図9.1に示す．インターネットは次のようなサブネットワークまたはその集まりから構成されている．

● **基幹（バックボーン）ネットワーク**：他のネットワーク間を高速に結ぶことを役割としているもの．各国，各地域にこのようなネットワークがある．基幹ネットワークは高速の専用線（光ファイバなどによる）を利用して構築される．日本では大手のプロバイダがバックボーン用リンクを設置している．

● **プロバイダのネットワーク**：個人や組織のコンピュータやネットワークをインターネットの一部になるように接続することを仕事としているのが**インターネット接続事業者**で普通**プロバイダ**と呼ぶ（米国ではInternet Service Provider（ISP）と呼ぶ）．個人や組織のコンピュータやネットワークはプロバイダのネットワークに接続され，またプロバイダのネットワークは高速バックボーンに接続されている．日本では，プロバイダは，自前で通信設備を持つもの（第一種電気通信事業者）と，そこから回線網を借りて事業を行うもの（第二種電気通信事業者）に分けられる．

9.2 インターネットの構成

表 9.1 インターネットの爆発的成長

年	ホスト数	jpドメインのホスト数（内数）
1969	4	
1984（10月）	1,024	
1989（1月）	80,000	
1994（1月）	2,217,000	
1999（1月）	43,230,000	1,688,000
2004（1月）	233,101,000	12,962,000
2005（1月）	317,646,000	19,543,000

出典：1984年以降はInternet Software Consortium (http://www.isc.org/) より．
ドメイン名を持つものをカウント．

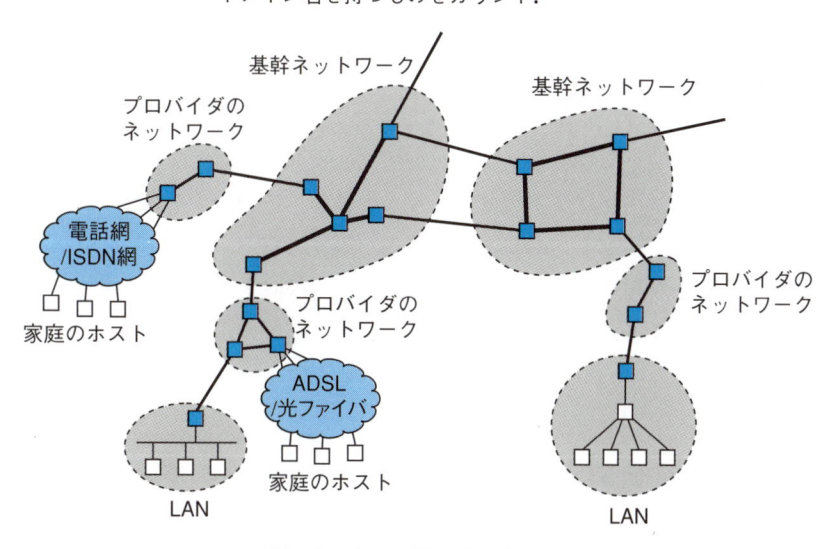

図 9.1 インターネットの構成の概念図

● **組織（企業や大学など）のネットワーク**：多くの場合 LAN になっており，それに多数のコンピュータ（ホスト）が接続されている．

インターネットではサブネットワーク間の接続はルータを介して行われている．インターネットの構成はどんどん変化している．利用者に気付かれずに構成変更が可能なことが，大きな特徴であり利点である．

9.3 インターネットへの接続

コンピュータ（ホスト）をインターネットに接続する代表的な方法を述べる．

電話回線または ISDN 回線を使った接続（ダイヤルアップ IP 接続）　概要を図 9.2 に示す．
● まず，プロバイダと契約し，その利用者になる．
● 電話回線で接続する場合は，コンピュータにモデムを取り付け，モデムから電話ケーブル（モジュラ・ケーブル）で電話回線へ接続．ISDN の場合は，ターミナル・アダプタと DSU を設置し，そこから ISDN 回線へ接続．
● コンピュータに TCP/IP ソフトウェアを組み込む．
● コンピュータ上で，プロバイダのコンピュータへの接続に必要な情報（電話番号，使用するデータリンク・プロトコルの種類，その他）を設定．

以上でインターネットへの基本的な接続が可能になる．

電子メールを利用するにはさらに電子メール用の設定が必要である．

なお，プロバイダのコンピュータにはルータとしての役割を果たすものの他に，インターネットを利用する上で必要な各種のサーバ（名前サーバ，電子メール・サーバなど）の役割を果たすものもある．

ブロードバンド回線による接続　インターネットに高速に接続する方法として，ケーブル・テレビのケーブル（同軸ケーブル）による接続が行われたが、その後 ADSL が利用可能になり，これが急激に広まった．さらに，家庭まで光ファイバが届くようになり（**FTTH = Fiber To The Home** と呼ばれる），これを使った接続も広がってきた．これらは電話回線や ISDN 回線と比較して，高速・常時接続が可能であり，**ブロードバンド回線**と呼ばれる（ブロードバンド＝広帯域）．光ファイバによるインターネット接続の概要を図 9.3 に示す．

9.3　インターネットへの接続

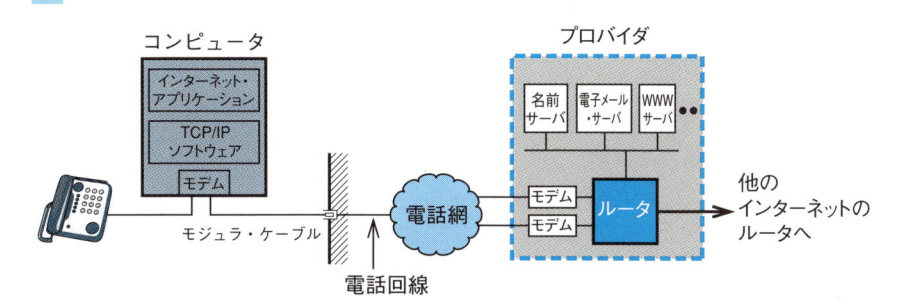

図 9.2　電話回線を使ったインターネットへの接続

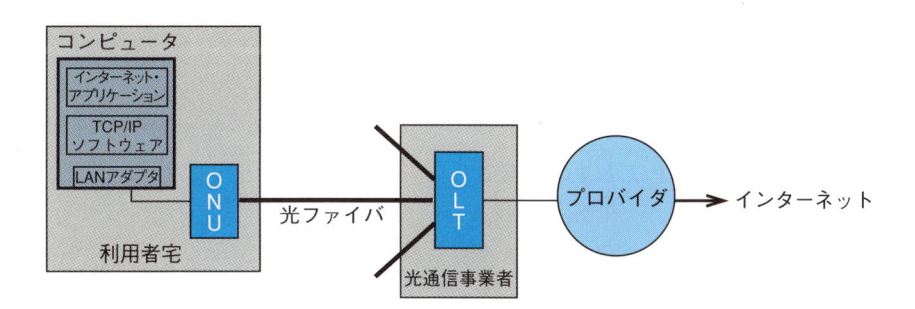

ONU：Optical Network Unit（回線終端装置）
OLT：Optical Line Terminal（光収容ビル装置）

図 9.3　光ファイバ（FTTH）によるインターネットへの接続

ブロードバンド回線によるインターネット接続の場合も，プロバイダとの契約およびコンピュータへのTCP/IPソフトウェアの組込みは必要である．その他に次を行う．

●コンピュータと回線との間に信号を変換する装置（ケーブルはケーブル・モデム，ADSLはADSLモデム，光ファイバはONUで，それらを**ブロードバンド・モデム**と呼ぶ）を設置．

●コンピュータとブロードバンド・モデムとの間はLAN接続（10 Base-Tや100 Base-T）になっているので，LANアダプタをコンピュータに組み込み，LANケーブルでブロードバンド・モデムに接続．

●ブロードバンド・モデムまたはコンピュータ上で，プロバイダへの接続に必要な設定を行う．

LAN経由の接続 概要を図9.4に示す．その組織のLANがすでにインターネットに接続されている（インターネットのサブネットワークを構成している）とする．

●まず，LAN管理者と相談し，IPアドレスの割当て方法（**固定IPアドレス割当て**または**動的IPアドレス割当て**）を決める．固定の場合はアドレスをもらう．

●コンピュータにLAN接続用のアダプタを取り付け，アダプタから接続ケーブルでLAN装置（ハブなど）に接続する．

●コンピュータにTCP/IPソフトウェアを組み込む．

●コンピュータ上で，自分のIPアドレス（固定割当ての場合），ルータのIPアドレス，名前サーバのIPアドレスなどの情報を設定する．

さらに電子メール用の設定などを行う．

LANにはルータがつながっていて，そこから外部に結ばれている．さらにLANにはその組織のために必要なサーバ群（名前サーバ，電子メール・サーバなど）もつながっている．

家庭内LANを用いた接続 家庭内の複数のコンピュータを，1本のブロードバンド回線を通してインターネットに接続することがよく行われる．

●コンピュータをLAN経由でブロードバンド・ルータに接続し，ブロードバンド・ルータをブロードバンド・モデムに接続する（図9.5）．

9.3 インターネットへの接続

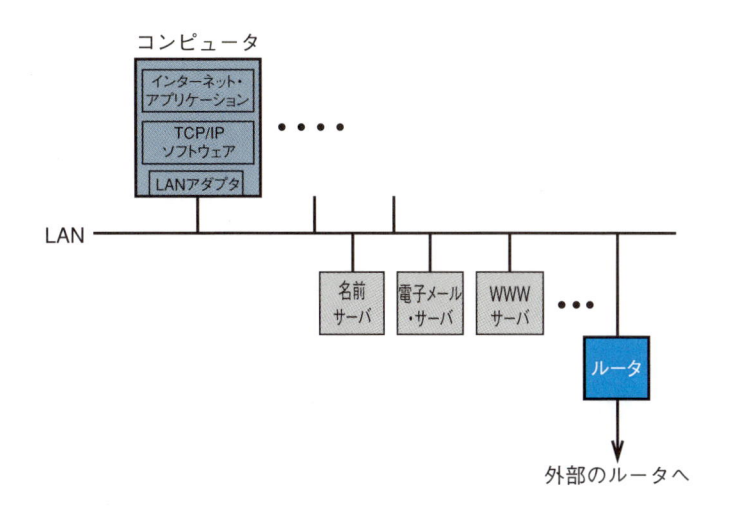

図 9.4 LANを経由したインターネットへの接続

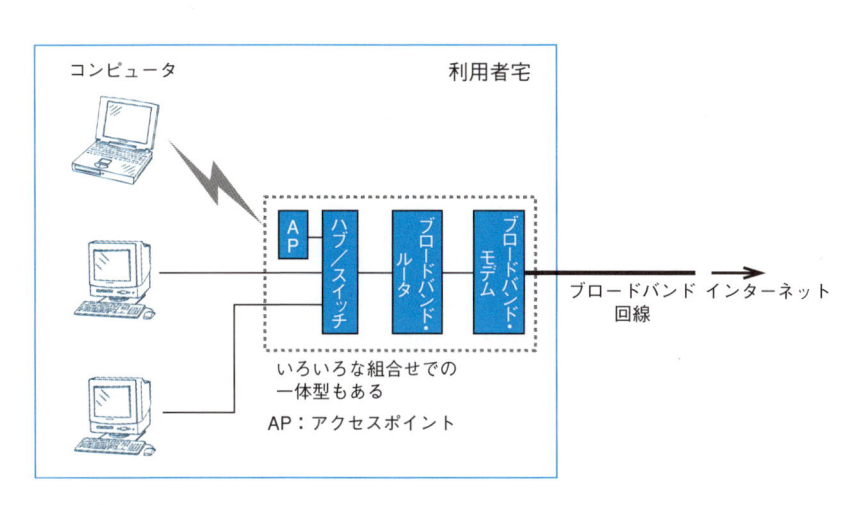

図 9.5 ブロードバンド回線による複数コンピュータのインターネット接続

- ブロードバンド・モデムとブロードバンド・ルータの設定を行う．

　ブロードバンド・ルータは普通のルータとしての役割の他に，コンピュータで使う IP アドレスの割当てなどを行う（詳細は次節）．図 9.5（前頁）は家庭内で無線 LAN と有線 LAN の両方が使われる場合を示している．なお，ブロードバンド・ルータ＋スイッチ＋アクセスポイントが一体になった製品や，その他の組合せでの一体型の製品もある．

　携帯電話の接続　携帯電話がインターネット接続機能を持つようになり，電子メールやウェブへのアクセスに利用されている．この場合，携帯電話会社がプロバイダの役割を果たす．

9.4　インターネットの番地付け：IP アドレス

　IP アドレスの構成　インターネットにおいて各ホストは IP アドレス（86 頁で述べたもの）で区別される．これは，ネットワーク（80 頁の用語ではサブネットワーク）を区別する番号と，ネットワーク内のホストを区別するアドレスの二つの部分から成る．これには図 9.6 に示す三つの形式がある（IP 第 4 版）．

　各形式で区別できるネットワークとホストの数を表 9.2 に示す．

　IP アドレスでホストが区別される様子を図 9.7 に示す．ルータは，接続するサブネットワークごとに IP アドレスを持つ．

　IP アドレスの割当て　IP アドレスの割当ては IANA（Internet Assigned Numbers Authority）という組織が全体の管理を行っており，日本に割り当てられたアドレス・ブロックの管理は社団法人日本ネットワークインフォメーションセンター（Japan Network Information Center, JPNIC）が行っている．各ネットワークの管理者は，以前は JPNIC からネットワーク番号の割当てを受けたが，現在は JPNIC から委託された IP アドレス管理指定事業者から割当てを受ける．

　ネットワーク内のホスト・アドレスの割当てはそのネットワークの管理者が行う．ホスト・アドレスの割当て方法には次の二つがある．
- **固定割当て**：ホストごとに固定的なアドレスを割り当てる．
- **動的割当て**：ネットワークのホスト・アドレスをプールしておき，ホストが

9.4 インターネットの番地付け：IP アドレス

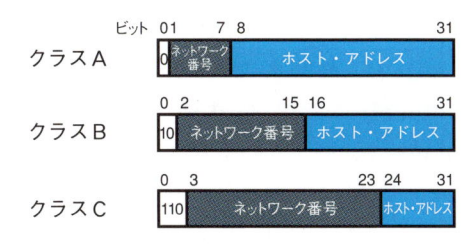

```
              ビット 0 1        7 8                              31
クラス A         0 ネットワーク     ホスト・アドレス
                   番号

                  0 2           15 16                           31
クラス B          10 ネットワーク番号   ホスト・アドレス

                  0 3                       23 24               31
クラス C         110    ネットワーク番号          ホスト・アドレス
```

図 9.6 IP アドレスの形式（IP第4版）

表 9.2 IP アドレス形式ごとのネットワークとホストの最大数（IP第4版）

クラス	ネットワークの最大数	ホストの最大数
A	128	16,777,216
B	16,384	65,536
C	2,097,152	256

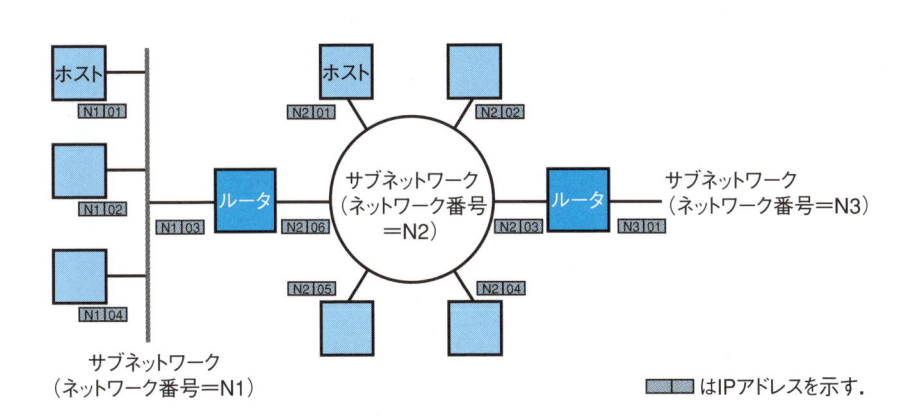

図 9.7 IP アドレスによるホストの区別

（サブネットワーク（ネットワーク番号＝N1）、サブネットワーク（ネットワーク番号＝N2）、サブネットワーク（ネットワーク番号＝N3）。■ はIPアドレスを示す．）

ネットワークに接続したときにその中から動的に割り当てる．限られた個数のアドレスを有効に利用するためや，アドレスの割当て管理のわずらわしさを無くすために行われる．動的割当てには PPP（5 章参照）を利用する方法と，ネットワーク層の **DHCP**（**動的ホスト構成プロトコル**，**Dynamic Host Configuration Protocol**）を利用する方法がある．

ダイヤルアップ IP 接続ではモデムによる接続の上で PPP が用いられ，接続するコンピュータに IP アドレスが自動的に割り当てられる．

LAN 環境で動的割当てを行うには，DHCP サーバを用意し，ネットワークに接続したコンピュータが動的割当て要求を出す（ブロードキャスト・アドレスを使って LAN 上のすべてのホストに届ける）と，DHCP サーバがこの要求を受け取り，アドレスを割り当てる．

ブロードバンド回線による接続では，ブロードバンド回線上で動く PPP（PPPoE = PPP over Ethernet など）を用いて自動割当てを行う場合と，DHCP を用いる場合とがある．

プライベート・アドレス 家庭内 LAN を用いたインターネット接続では，プロバイダから割り当てられる IP アドレスは一つであり，それを複数のコンピュータで共用する．そのために，各コンピュータには**プライベート・アドレス**という特別のアドレスを割り当てる（もともとはインターネットに接続しないネットワークで使用するためのアドレス群で，クラス C では 192.168.0.0 から 192.168.255.255 まで）．この割当てのために，ブロードバンド・ルータは DHCP 機能を持つ．さらにブロードバンド・ルータは NAPT（Network Address Port Translation）と呼ばれるアドレス変換機能を持つ．コンピュータが送信するパケットの送信元 IP アドレスを，プライベート・アドレスから共用のグローバル・アドレスに書き換え，さらに複数のプライベート・アドレスを区別するために，TCP または UDP のポート番号を書き換えて，インターネットへ送り出す．インターネットから届いたパケットは，逆の変換を行い，正しいコンピュータに届ける（図 9.8）．

サブネット 各組織のネットワーク規模の拡大に伴い，組織内で複数のネットワークを管理したい，という要求が出てきた．そこで，一つのネットワークの中をさらに複数のネットワーク（**サブネット**と呼ぶ）に分割できる仕掛けが

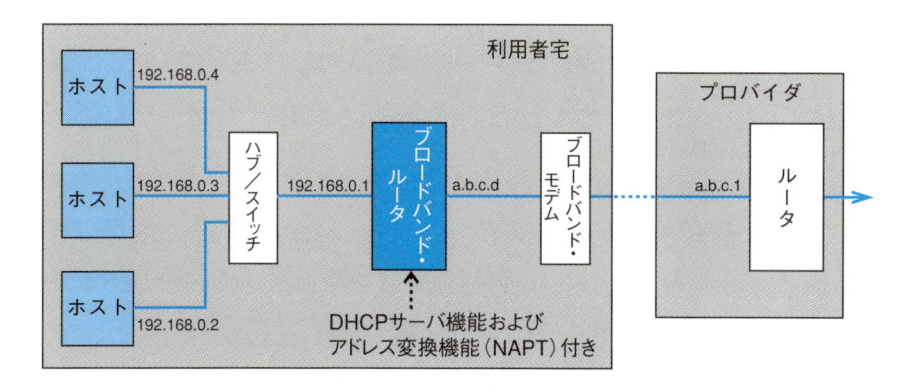

9.4 インターネットの番地付け：IP アドレス

a.b.c.d：プロバイダから割り当てられたグローバル・アドレス

図 9.8 プライベート・アドレスの割当てとグローバル・アドレスとの変換

できた．各組織で，上で述べたホスト・アドレスの先頭の何ビットかをサブネット番号に割り当てる．その後ろがサブネット内のホスト・アドレスとなる．図 9.9 に例を示す．IP アドレスの頭からサブネット番号までのビット範囲を示すものを**サブネット・マスク**という．

IP アドレスの表記法　通常 IP アドレスは，32 ビットを 8 ビットずつに区切って，それぞれを 10 進数で表し，間をドットでつないだ，ドット付きの 10 進表示をする（IP 第 4 版の場合）．

例：　10000101　01001000　10110001　00000001
　　→　133.72.177.1

9.5　ホストの名前：ドメイン名

ドメイン名　IP アドレスを使えば，世界中のどのコンピュータとでも通信ができる．しかし，数字による IP アドレスは憶えにくい．ホストに名前を付けると良いが，世界中のホストがユニークな名前となるように，命名のルールがいる．インターネットでは**ドメイン名**と呼ばれる階層的な名前が使われる．

名前の基本形式を図 9.10 に示す．個別の名前（ラベルと呼ばれる）がピリオド（.）で区切られる（ピリオドはドットと読まれることが多い）．規則は，
- ラベルの長さは 63 文字以下
- ドメイン名全体の長さはピリオドを含めて 255 文字以下
- ラベルには英字，数字，ハイフンが使用できる（大文字，小文字は区別されない）

先頭の名前はホストのファースト・ネームに相当する．それ以降の名前はホストが所属するグループ（**ドメイン**と呼ぶ）の名前である．ドメインは階層的に構成されている．名前は下位から上位へと並ぶ．

ドメインの階層構造の概念を図 9.11 に示す．上位のドメインはその中にまたドメインを含むことができる．下位のドメインをその上位のドメインの**サブドメイン**という．
- **インターネット・ドメイン**：全体はインターネット・ドメインと呼ばれる．
- **トップレベル・ドメイン**：最後にくる名前はトップレベル・ドメインの名前

9.5 ホストの名前：ドメイン名

```
            |10| ネットワーク番号 |サブネット番号|ホスト・アドレス|
サブネット    11  111111111111   11111111  00000000
マスク
```

図 9.9 サブネットがあるIPアドレスの形式の例（IP第4版）

＜ホスト名＞．＜最下位ドメイン名＞．…．＜第2レベル・ドメイン名＞．＜トップレベル・ドメイン名＞
例： myhost.info.kanagawa-u.ac.jp
    www.asahi.com

図 9.10 ドメイン名の形式

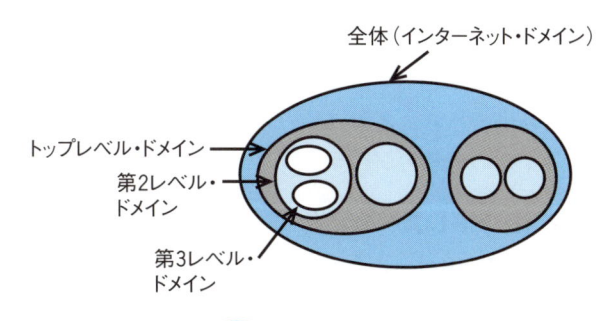

図 9.11 ドメインの階層構造

である．トップレベル・ドメインは組織の種類の分類と，国の分類とからなる（**表 9.3**）．info, biz, name などのドメインは 2000 年に追加された．
- **JP ドメインの第 2 レベル・ドメイン**：最後にくる名前が jp であるドメイン（JP ドメイン）のドメイン名は次の 3 種類があり，第 2 レベル・ドメイン名で区別される．
  - **組織種別型**：第 2 レベル・ドメインが**表 9.4** のように決まっている．
  - **地域型**：第 2 レベル・ドメインが地域名．
  - **汎用 JP ドメイン名**：第 2 レベル・ドメインが個人または法人を表す．

なお，汎用 JP ドメイン名では上述の名前の規則が拡張されて，日本語文字も使える（「日本語.jp」のように）．

ドメイン名は全体で木構造となる．これを**図 9.12** に示す．

ドメインの名前の割当て　ドメインの名前がダブらないよう，割当て管理を行う必要がある．JP ドメイン名の登録管理は，日本ネットワークインフォメーションセンターから（株）日本レジストリサービスに移管された．名前（組織種別型の場合は第 3 レベルの名前，汎用 JP ドメイン名の場合は第 2 レベルの名前）の登録申請は指定業者を経由して，または直接日本レジストリサービスに対して行う．割り当てられた名前以降の各サブドメイン内での名前の割当ては，そのサブドメインの管理者が行う．

ドメイン名から IP アドレスへの変換　一つまたはいくつかのドメインをカバーする**名前サーバ**（**DNS サーバ**という）が，インターネットの中に分散して存在し，それらが全体で分散データベースを構成している．これを利用してドメイン名から IP アドレスへの変換が行われる．この仕掛けを**ドメイン名システム**（**Domain Name System**）という．

変換は次の手順で行われる．

(1) 各ホスト内では，名前からアドレスへの変換を OS のライブラリ（**リゾルバ**と呼ぶ）に頼む．
(2) リゾルバは，自ホストを管理しているローカルな名前サーバに変換を頼む．そこで解決することもある．
(3) ローカルな名前サーバが変換できなかったとき，ローカルな名前サー

9.5 ホストの名前：ドメイン名

表9.3 トップレベル・ドメイン

組織種別：	com	商業組織*
	net	ネットワーク*
	org	非営利組織*
	edu	（米国の）教育機関
	gov	米国政府機関
	int	国際機関
	info	制限無し*
	biz	ビジネス
	name	個人名
	⋮	
国：	jp	日本
	uk	イギリス
	de	ドイツ
	fr	フランス
	⋮	

表9.4 JPドメインの第2レベル・ドメイン

組織種別：	co	会社
	ac	（大学などの）学校
	go	政府機関
	ne	ネットワークサービス業者
	ed	（小・中・高などの）学校
	or	その他の法人

*世界の誰でも第2レベルへの登録ができる．

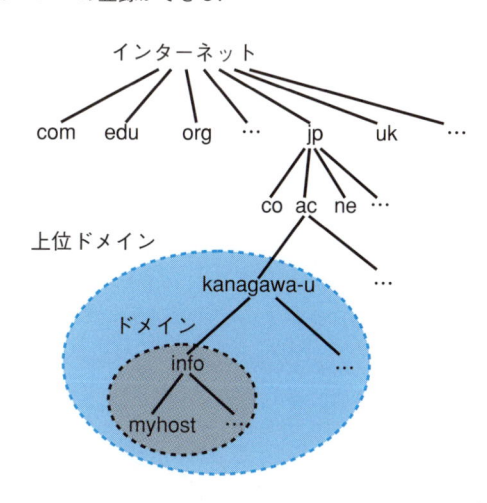

図9.12 ドメイン名の木構造

バはインターネット・ドメインを管理する名前サーバ（ルート・サーバ）にアクセスし，問い合わせる．その名前サーバは，該当するサブドメインを管理する名前サーバのアドレスを教えてくれる．
(4) ローカルな名前サーバは，教えられた名前サーバにアクセスし，変換を頼む．また，次のレベルの名前サーバのアドレスを教えられる．
(5) 変換してくれる名前サーバに行き着くまで，次々に問合せをしていく．最後に変換結果が得られる．結果を，ローカルな名前サーバはリゾルバに返す．

以上の過程での通信は，クライアント・サーバ方式で行われる．ドメイン名システムはインターネットのアプリケーションの位置にある．

9.6 イントラネット

もともと複数のネットワークにまたがる技術として生まれたインターネットの技術を，一つのネットワーク内で利用しようというのが**イントラネット**である（intra＝内部の）．企業等にどんどん普及してきている．内部のデータを外部のインターネットから保護するために，セキュリティ上の配慮が必要である．

なお，広域でのイントラネットを可能にする技術として仮想私設網（VPN）があり，15章で述べる．

第 10 章
電子メール

　インターネットの利用法として最も普及しているのは電子メールと次章で述べるワールドワイドウェブであろう．電子メールは職場や学校だけでなく，家庭にも普及してきた．コンピュータだけでなく，携帯電話を使って電子メールをやりとりすることも普通になっている．本章ではインターネットの電子メールについて，その仕組みと使い方を述べる．

> 10.1　インターネットの電子メールの形式
> 10.2　電子メールの配達の仕組み
> 10.3　電子メールの使い方
> 10.4　電子メール利用上の注意点

10.1　インターネットの電子メールの形式

基本の形式　**電子メール**として送られる電子的な手紙の基本の形式は「ARPAインターネット・テキストメッセージ形式の標準」という 1982 年に発行された RFC 文書（RFC 822）で定められている．電子メールは複数の文字行からなるテキストであり，図 10.1 に示す形式をとる．このテキストが通信回線上を送られる．

(1)　**ヘッダ・フィールド群**

　電子メールの先頭にはヘッダ・フィールド群が置かれる．これらは，普通の手紙で封筒および手紙の頭の部分に書かれる情報に相当するものである．

● From: と To: にはそれぞれ差出人と宛先のアドレスを書く．アドレスの形式については下で述べる．

● Subject: には手紙のタイトルを書く．

● cc: には写しを送る宛先のアドレスを列挙する．cc はカーボン・コピーの略で，英語で手紙の写しを意味する．以前は紙の間に複写用のカーボン紙を挟んでタイプし，手紙の写しを作ったからである．電子メールでは写しといっても本物と同じものが届く．

　最初の空行がヘッダ・フィールド群の終りを示す．

(2)　**メール・アドレス**

　メール・アドレスの形式を図 10.2 に示す．アドレスはアルファベット（正確には ASCII 文字）からなる．@ の前には個人（差出人または宛先人になる）を指す文字列がきて，また @ の後ろにはドメイン名がくる．

　メール・アドレスはもともとメールを受け取る**メールボックス**（郵便箱）を指す名前である．@ の前は「メールボックスがあるホストでのその個人のアカウント名（ユーザ名）」になることが普通である．また @ の後ろにくるドメイン名はメールボックスがあるホストを識別するためのものだが，ホストのドメイン名よりも，それが含まれるドメインのドメイン名が普通使われる（メールボックスがあるホストのドメイン名が"mailhost.domain2.domain1" であるとすると，"@ domain2.domain1"）．

10.1 インターネットの電子メールの形式

ヘッダ・フィールド群
（順番は自由）

```
Date:＜作成日付と時間＞
From:＜差出人＞
Subject:＜タイトル，オプション＞
To:＜宛先＞
cc:＜写しを送る宛先，オプション＞
＜その他のオプション行＞
    ⋮
＜その他のオプション行＞
```
封筒

最初の空行→

本文（ボディ）

```
＜ASCII文字からなる行，オプション＞
    ⋮
＜ASCII文字からなる行，オプション＞
```
内容

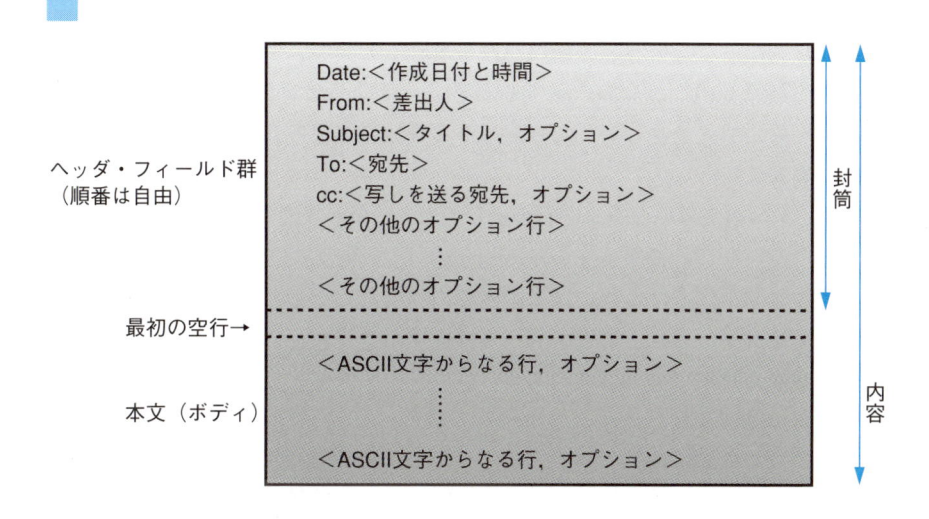

図 10.1 インターネット電子メールの形式

| 個人を示す名前 | @ | ドメイン名 |

↑ メールボックスがあるホストでのアカウント名

↑ メールボックスがあるホストを含むドメインの名前

例： noguchi@info.kanagawa-u.ac.jp

図 10.2 メール・アドレスの形式

これにより世界中の電子メールの利用者がユニークに識別される．

電子メールを利用する上で特別に認識しなければならないのはメール・アドレスだけだといって良い．ただしそれも一つの文字列だと思ってしまえばそれでも済む．なお，メール・アドレスは英語では email address となる．英語でメールといったらもちろん普通の郵便の方を指すからである．

(3) **本文**

メールの本文は単なる文字行の並びである．なお規則上は，文字はASCII文字，ということになっている．

この標準を作ったときには米国内での利用だけを考えていたためである．その後インターネットの電子メールは世界中で使われるものに成長したが，この基本の規則は変わっておらず，7ビット・コード以外は正しく送られることが保証されていない．

日本語などのメールを送るには，次に述べる方法で行う．

拡張形式

(1) **アルファベット以外を送るための拡張**

電子メールが広まるにつれて，ASCIIテキスト以外の本文も送りたいという要求が高まった．そこで，基本の規則を守りながら，かつASCIIテキスト以外の本文，すなわち
- 日本語などASCII以外の文字コードによるテキスト
- 画像データ，バイナリ・プログラムなどの2進データ

も送れるようにする方法が工夫された．その規則を**多目的インターネット・メール拡張**（**Multipurpose Internet Mail Extensions**，略して**MIME**（マイム））と呼ぶ．MIMEの考え方は次の通り：
- **送信側**：元のデータを7ビット・コードへ変換．
- **ネットワーク上**：ASCII文字（7ビット・コードであり，バイトの最上位ビットは値が保証されない）の行の連なり．
- **受信側**：逆変換．

そして，送信側でどのような変換（コード化）を行ったか，という情報をMIME用の追加ヘッダ・フィールドに含めて送る（**図 10.3**）．

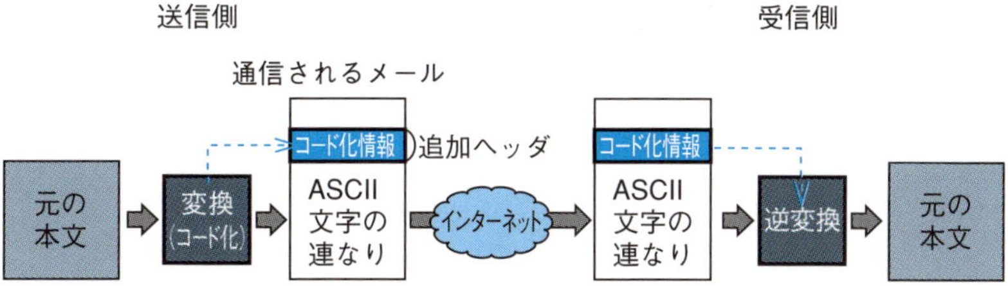

10.1 インターネットの電子メールの形式

送信側　　　　　　　　　　　　　　　　受信側

通信されるメール

元の本文 → 変換（コード化）[コード化情報] → ASCII文字の連なり（追加ヘッダ）→ インターネット → ASCII文字の連なり[コード化情報] → 逆変換 → 元の本文

図 10.3 多目的インターネット・メール拡張（MIME）の概要

```
Mime-Version: 1.0
Content-Type: text/plain; charset=ISO-2022-JP
Content-Transfer-Encoding: 7bit
```

図 10.4 ISO-2022-JPの使用を示すMIME用追加ヘッダ・フィールド

(2) **日本語テキスト**

　日本語メールを可能にするために工夫された文字コードが**ISO-2022-JP**であり，標準的に使われている．これは 18 頁で述べたように，JIS の日本語コードとアルファベット（ASCII）がどちらでも使え，混在しても良い．ISO-2022-JP を用いていることを図 10.4（前頁）のような追加ヘッダ・フィールドで示す．

　なお，メールの本文だけでなく，メールのタイトル（Subject）にも日本語を使用できる．

(3) **2 進（バイナリ）データの送り方**

　画像などの 2 進データをメールの添付ファイルなどとして送ることがよく行われる．このとき，2 進データは **Base 64 符号化**という方法で ASCII 文字に変換して送られ，受信側で逆変換される．Base 64 符号化の仕組みを図 10.5 に示す．元のデータを 3 バイトずつに区切り，それを 4 個のブロックに分け，各ブロック（6 ビット）を ASCII 文字 1 文字に対応させる．使用される ASCII 文字は A〜Z, a〜z, 0〜9, +, / の 64 文字，それに詰め文字として = の合計 65 文字である．

　Base 64 符号化では 3 バイトのデータを送るのに 4 バイトを使う．従ってデータ量が 4/3 倍になる（600 KB の画像データはメール上では 800 KB になる）．

10.2　電子メールの配達の仕組み

　基本の転送　インターネットの電子メールはメールボックスがあるホスト間でやり取りされる，というのが基本の形である（図 10.6）．利用者はこのホストを使用してメールの送信と受取りを行う（それがもともとの形であり，メール・アドレスはこの利用者とホストを識別するものになっている）．ホストにはメールボックスとともにメール転送プログラムがある．それは送信側機能と受信側機能を持つ．メールの転送には**単純メール転送プロトコル**（**Simple Mail Transfer Protocol**, **SMTP**）が使われる．これは 1982 年に発行された同名の RFC 文書（RFC 821）で規定されている．

10.2 電子メールの配達の仕組み

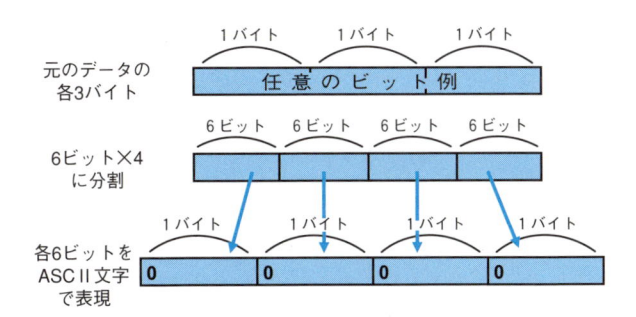

図 10.5 Base 64 符号化

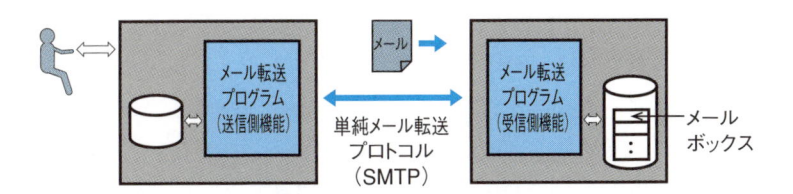

図 10.6 メール転送のモデル

メール転送プログラム間の通信はTCPのコネクションを確立（ポート番号は25と決まっている）して，その上で単純メール転送プロトコルを用いて行う．単純メール転送プロトコルによるメール転送の手順を図10.7に示す．送信側はHELOコマンド（コマンド名は4文字）で通信開始を連絡する．MAILコマンドからが1通のメール送信の手順である．差出人のメール・アドレスの連絡，宛先のメール・アドレスの連絡を行い，DATAコマンドで手紙の送信開始を連絡する．手紙は終りまでが連続して送られる（TCPのフロー制御があるので問題ない）．QUITで通信終了を連絡する．なお，受け取ったメールは宛先に対応するメールボックスに入れられる．

メール・サーバへのリモート・アクセス　メールボックスがあるホストは，いつでもメールが受信できるように常時電源を入れ，メール転送プログラムを起動しておく必要がある．インターネットが拡大して，使うときだけ電源を入れインターネットへ接続するコンピュータが増えてきた（家庭のパソコンはそうである）．そういうコンピュータからも電子メールの受信ができるようにする仕掛けが作られた．メールボックスがあるホストを**メール・サーバ**と位置付け，それに利用者が直接操作しているコンピュータ（クライアント）がアクセスする．メールの受信は，次に述べる特別のプロトコルを用いて行う．

●**郵便局プロトコル**（**Post Office Protocol**, **POP3**）：メール・サーバのメールボックスに届いているメールをすべてクライアント側に取り込むためのプロトコル．クライアント内の**POP3クライアント**が，メール・サーバ内の**POP3サーバ**にアクセスする（図**10.8**）．

●**対話型メール・アクセス・プロトコル**（**Internet Message Access Protocol**, **IMAP4**）：POP3と異なり，受信メールをクライアント側に取り込まずにメール・サーバ側で蓄積，管理する．利用者が複数のクライアント・コンピュータを使う場合でもメールの管理がうまくいく．

　なお，メールの送信の方は，クライアント内にSMTP送信側機能（**SMTPクライアント**）を置き，それからメール・サーバ内の**SMTPサーバ**を経由して，メールを送り出す．図**10.8**にこれも示す．

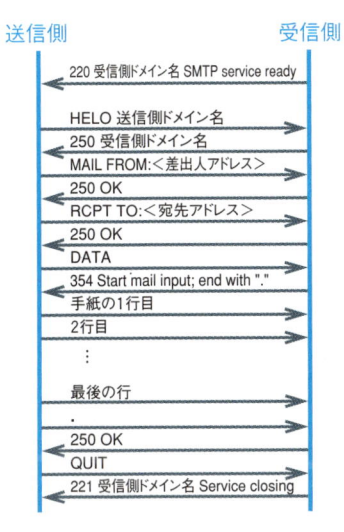

10.2 電子メールの配達の仕組み

```
送信側                                   受信側
   │←──── 220 受信側ドメイン名 SMTP service ready ────│
   │───── HELO 送信側ドメイン名 ─────→│
   │←──── 250 受信側ドメイン名 ──────│
   │───── MAIL FROM:＜差出人アドレス＞ ─────→│
   │←──── 250 OK ──────│
   │───── RCPT TO:＜宛先アドレス＞ ─────→│
   │←──── 250 OK ──────│
   │───── DATA ─────→│
   │←──── 354 Start mail input; end with "." ──────│
   │───── 手紙の1行目 ─────→│
   │───── 2行目 ─────→│
   │       ⋮        │
   │───── 最後の行 ─────→│
   │───── . ─────→│
   │←──── 250 OK ──────│
   │───── QUIT ─────→│
   │←──── 221 受信側ドメイン名 Service closing ──────│
```

3桁の数字は応答コード

図 10.7 メール転送の手順

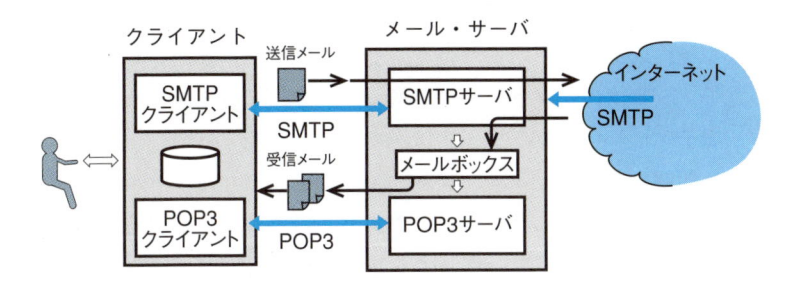

図 10.8 メール・サーバへのリモート・アクセス
（受信メールの取込みに郵便局プロトコル（POP3）を用いている）

10.3　電子メールの使い方

利用の準備　インターネットの電子メールを利用するための準備として次が必要である．
● SMTP をサポートするメール・サーバ（SMTP サーバ）のアカウントをもらう．メール・アドレスが割り当てられ，メールボックスが準備される（LANの場合は管理者に頼む．プロバイダ経由のインターネット接続ならプロバイダが行う）．
● メール・サーバにリモート・アクセスする場合は，クライアント・コンピュータ側に電子メール用ソフトウェアを用意し，その初期設定（メール・アドレス，使用する受信メール・サーバの種類（POP3，IMAP など），使用する受信メール・サーバと送信メール・サーバ（SMTP サーバ）のドメイン名などの設定）を行う．

電子メールの送受信　メールの送信，受信を行う方法には次がある．

(1)　**OS 機能を利用**
　　メール・サーバのあるホストを直接利用する場合は，テキスト・エディタでメールを作成，OS コマンドでメールを送信，などができる．
(2)　**電子メール用ソフトウェアを使用**
　　メールを作成して送信することも，受信したメールを開封して読むことも，電子メール用のソフトウェアを使って簡単にできる．これが一般的である．電子メール用ソフトウェアは次のような機能を持つ．
● **受信と開封**：電子メール用ソフトウェアは，受信したメールの一覧を表示する（POP3 を使ったリモート・アクセスの場合は，定期的に，または利用者の指示により，サーバのメールボックスから受信メールを取り込み，それを表示に加える）．読みたいメールをクリックするなどの簡単な操作で，メールを読める．例を図 10.9 に示す．
● **作成と送信**：メール作成用にワープロ機能が備わっていて，メール作成が簡単にできる．メール送信も，アイコンのクリックなど簡単な操作でできる．例を図 10.10 に示す．
● **返信または転送**：受信したメールに対して返信したり，他の人に転送し

10.3 電子メールの使い方

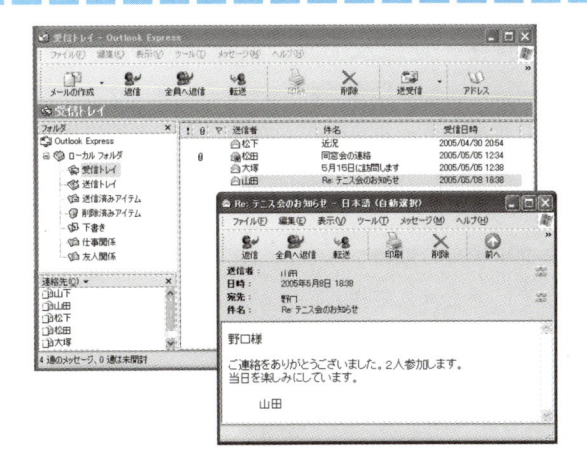

使用しているメール・ソフトウェアはMicrosoft Outlook Express 6．
受信したメールを開いたところ．
（自動的にメールを開く機能（プレビューウィンドウ）はオフにしている．）

図10.9　受信メール一覧と受信メールの表示例

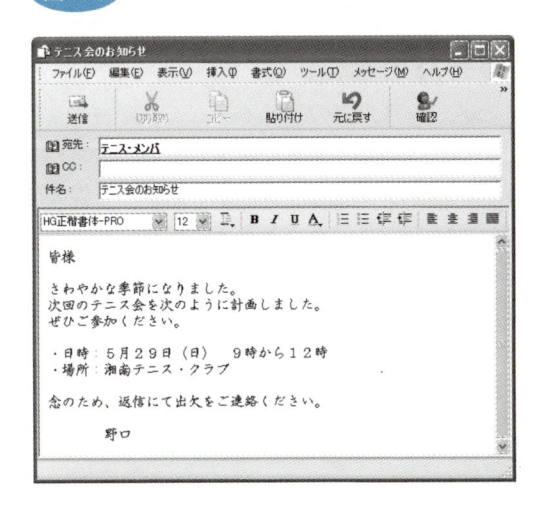

使用しているメール・ソフトウェアはMicrosoft Outlook Express 6．

図10.10　メール作成ウィンドウの例

たりすることが容易にできる．
- **フォルダへの保存**：保存しておきたい受信メールをフォルダに整理して保存できる．送信メールも保存される．
- **アドレス帳の利用**：メール・アドレスをアドレス帳に登録しておくことにより，利用者は普通の人名などで宛先の指定ができる．グループ名も使える．
- **任意形式のファイルの添付**：メールに任意の形式のファイル（たとえば画像データなど）を添付して送ることが，容易な操作でできる．
- **安全なメールの作成**：メールにデジタル署名を付けたり，本文を暗号化することもできる．
- **HTML 形式のメール**：電子メール用ソフトウェアによっては，ウェブ・ページと同様の見映えの良いメールを作成し，また受け取れるものがある（MIME による拡張として，HTML 形式の本文を送れるようにしている）．

10.4 電子メール利用上の注意点

安全性（セキュリティ）の問題点

- インターネットのメールは封書の手紙というより葉書のようなもので，途中のコンピュータによって覗き見される危険性がある．さらに組織内ネットワーク（イントラネット）のメールでも，メール・サーバを保守するためなどで，保守要員その他の目に触れることがあり得る．秘密にしておきたい内容は電子メールでは送らないことが安全である．あるいは秘密の内容は暗号化して送る．
- メールへのファイル添付機能を利用して，不正プログラム（いわゆるウイルス）が送られて来ることがある．添付ファイル（特に実行形式のプログラム）はむやみに開かない方が安全である．なお，ウイルス対策としてワクチン・ソフトの利用が望ましい（14 章で詳しく述べる）．
- 他人になりすましてメールを送るという，なりすましメールに対しては，デジタル署名（14 章参照）が対策になる．

電子メール利用上のマナー（ネチケット）

- 内容がぞんざいにならぬように（簡潔は良いとしても，受け取るのは機械ではなくて人間）．
- 仕事のメールは簡潔に，要領良く．タイトルも工夫する（メールの洪水で溺れかけている人は多い）．
- 同報を必要以上にばらまかない．むやみにccしない（ジャンク・メールは洪水の大きな原因）．
- 返信で元のメールのコピーを付けることは控える（通信の無駄，また見る無駄）．
- 他人に覗かれると困る内容は送らない（安全性のため．職場のメールでも人秘情報などは送らない）．
- 職場の電子メールは仕事のための道具であり，メール内容は基本的に会社の情報であり個人の情報ではない，という認識が必要である．
- メールで喧嘩しないように（メールの往復で起きやすい）．
  － 相手を攻撃する表現や下品な表現は使わない．
  － 2, 3度往復して決着しなければ，メールを打ち切る．電話で話すか，会って話す．

電子メールのマナー　電子メールは大変便利なため，職場などに広く普及し，また家庭にも普及してきている．しかし，利用する上でのルールが確立されているとはいえない．電子メールが文化として定着するには時間がかかろう．

　電子メール利用上のマナーをリストしてみる．それを前頁に示す（ネットワーク利用上のエチケットは**ネチケット**といわれる）．

　なお，商品の売り込みなどの目的で，受信者にとっては迷惑なメール（**スパム**（spam）・**メール**やジャンク（junk）・メールと呼ばれる）を無差別かつ大量にばら撒く，悪質な送信者がいる．どのように対策するかは課題である．

第11章
ワールドワイドウェブ（WWW）

　インターネットが爆発的に普及するきっかけとなったアプリケーションがワールドワイドウェブ（WWW）である．世界中のコンピュータ上に公開されているドキュメント（ホーム・ページまたはウェブ・ページ）が互いに関連付けられ，情報の蜘蛛の巣を構成している．利用の仕方も簡単である．
　ワールドワイドウェブは，情報の提供に利用されるだけでなく，利用方法が拡大しており，インターネット利用のインフラになりつつある．

> 11.1 **WWW**の構成
> 11.2 **WWW**のドキュメント
> 11.3 ウェブ・ドキュメントへのアクセス
> 11.4 **WWW**のプロトコル
> 11.5 ホーム・ページの作成
> 11.6 ウェブの利用の拡大

11.1 WWW の構成

ワールドワイドウェブ（**World Wide Web**，略して **WWW** または単に**ウェブ**）は，インターネットにつながったコンピュータ上のデータ（ドキュメント）を，他のコンピュータから簡単な操作で覗けるようにしたアプリケーションである．世界中の多くのコンピュータがさまざまな情報を WWW のドキュメント（ウェブ・ドキュメント）として公開しており，全世界規模の仮想資料館ともいうべきものがインターネット上で実現されている．

WWW の構成を図 11.1 に示す．同図 (a) は全体の構成である．ドキュメントを公開するホストには**ウェブ・サーバ**のプログラムがある．クライアント・プログラム（ブラウザと呼ばれる）がウェブ・サーバにアクセスして，ドキュメントを転送してもらい，利用者の画面に表示する．

ウェブ・ドキュメントの構成を同図 (b) に示す．ウェブ・ドキュメントの単位はページ（**ウェブ・ページ**と呼ぶ）であり，ページが転送され，表示される．WWW の大きな特徴はページ間のつながり方にある．ページは本のように順番に並んでいるのではなく，ページ内容の一部分が他のページに関連付けられている，すなわち他のページを指すポインタになっている．ポイントされるページは同一ホスト内の他ページだけでなく，他ホストのページでもかまわない．この仕掛けにより，世界中の情報が蜘蛛の巣のように関連付けられることからワールドワイドウェブの名前が付けられた．

なお，WWW は，1990 年に当時スイスにある核物理学の研究所 CERN にいたティム・バーナーズ・リー（Tim Berners Lee）が，各地の研究者が共同して研究を進めるための道具として発明した．

11.2 WWW のドキュメント

ハイパーリンクとハイパーテキスト　上で述べたように，ウェブ・ページ内のある部分（単語なり，ある文なり，またはある図なり）を，他のウェブ・ページと関連付けて，そのページを指すポインタとすることができる．この，他のページを指すポインタのことを**ハイパーリンク**（または単に**リンク**，なおハイパー（hyper）とは普通以上の意）という．ポイントされる先は，同一ホスト

11.2 WWW のドキュメント

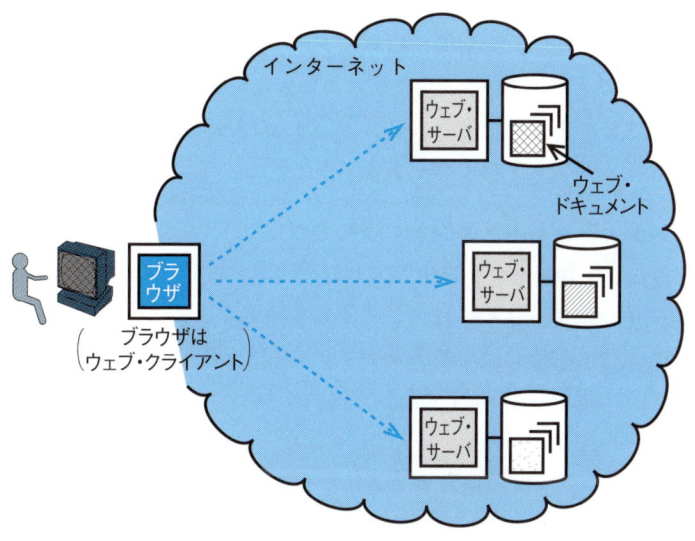

(a) 全体の構成（概念図）

(b) ウェブ・ドキュメントの構成（概念図）

-----▶ ：ハイパーリンク

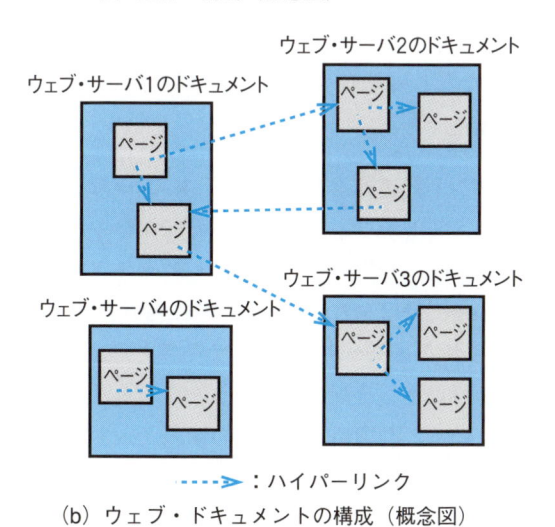

図11.1 ワールドワイドウェブ（WWW）の構成

内の別ページでも，また他ホストにあるページでも良い．さらに，ページ内の個所も指定できる．ポイントする先が同一ページの別の個所でも良い．

ハイパーリンクには，内部的にはポイントする先を指すアドレスが張り付けられる．この関係を図 11.2 に示す（アドレスについては次節で述べる）．

ハイパーリンクを含んだドキュメント，すなわち他ページなどへのポインタを含んだドキュメントを**ハイパーテキスト**と呼ぶ．

マルチメディア・ドキュメント　当初のウェブ・ページは文字情報だけを含むものだった（すなわちテキストだった）．その後，ページに画像を入れることができるようになり，さらに音声や映像も含めることができるようになった．現在ではウェブ・ページはマルチメディア・ドキュメント（マルチメディア文書）になっている．従って，今や正しくはハイパーテキストというより**ハイパーメディア**である．

なお，ウェブ・ページで使える文字コードは，WWWの規定上は，長い間西欧言語用のもの（ISO 8859-1）だけであった．1997年末の規定改訂（HTML仕様の第4版）で，ようやく世界の文字が正式に使えるようになった．ドキュメント文字集合は ISO/IEC 10146 が定める国際符号化文字集合（それはユニコードと同じ），ただし外部表現にはどういう文字コードを用いても良い，というのが現在の規定である．

ウェブ・ドキュメント記述言語：ハイパーテキスト・マークアップ言語（HTML）
ウェブ・ドキュメントがウェブ・サーバ内に保存され，またネットワーク上を転送されるときは，**ハイパーテキスト・マークアップ言語（HyperText Markup Language，HTML**）で記述された形式をとる．

HTML で記述されたドキュメントは，テキスト形式ドキュメントの中に，体裁情報やその他の付加情報を制御情報として埋め込んだ（制御情報でマーク付けした）形をしている．制御情報は，地の情報と区別するために種類を表す記号を **<>** で囲んだ形をしており，**タグ**と呼ばれる．なお，ドキュメントの体裁をマーク付けして表す方式のルーツは，初期（1960年代）のタイムシェアリング・システムの文書清書機能にある．最新の技術が実は古い技術とつながっている．

図 11.3(a) は HTML で記述されたドキュメントの例である．**<HTML>** タグがドキュメントの開始を示し，最後の **</HTML>** が終了を示す．**<HEAD>** と

11.2 WWWのドキュメント

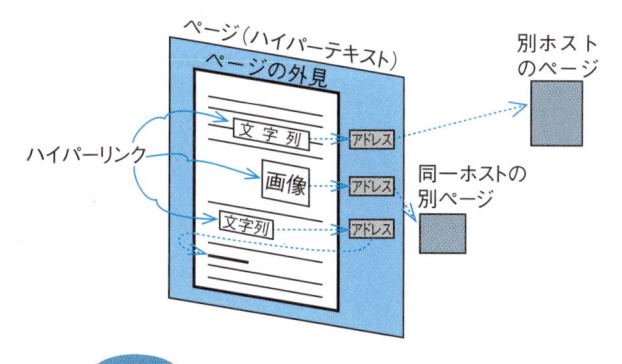

図11.2 ハイパーリンクとハイパーテキスト

```
<HTML>
<HEAD>
<META http-equiv="Content-Type" content="text/html; charset=Shift_JIS">
<TITLE>ウェブ・ページの例1 </TITLE>
</HEAD>
<BODY>
<H1>ウェブ・ページの形式</H1>
<P>ウェブ・ページはハイパーテキスト・マークアップ言語で記述されています。</P>
<P>この言語の詳細を知るには<A href="http://www.w3.org/TR/html4/">ここ</A>
をクリックしてください。</P>
</BODY>
</HTML>
```

文字コードはShift_JISを使用．

(a) HTMLによる記述

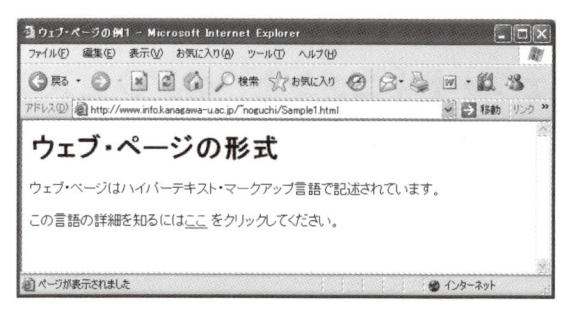

ブラウザはMicrosoft Internet Explorer 6を使用．
(b) ブラウザによる表示

図11.3 HTMLによるドキュメントの例1

</HEAD>で囲まれた部分はこのドキュメントのヘッダ情報であり，タイトルや文字コードの情報などを示す．<BODY>と</BODY>で囲まれた部分が本文である．本文の中の<A>（アンカー・タグ）と</A>で囲まれた部分（この場合は"ここ"という文字列）がハイパーリンクになり，それが指すページのアドレスは<A>タグのhrefパラメータで指定する（アドレスの形式については次項で述べる）．このドキュメントは利用者からは同図(b)（前頁）のように見える．ハイパーリンクの部分は下線が付され，また色付きで表示されるのが普通である．

文字だけでなく画像も含んだ例を図11.4に示す．HTML記述では<IMG>タグのsrcパラメータで画像ファイルの名前を指定する．

HTMLの主要なタグを表11.1（149頁）に示す．

なお，HTML第4版をベースに仕様をXML（13章参照）に適合するようにしたXHTML（Extensible Hyper Text Markup Language，拡張可能ハイパーテキスト・マークアップ言語）が2000年に作られた（たとえば
タグは
となる）．将来はこちらが主流になろう．

ハイパーテキスト・マークアップ言語で記述された一つのドキュメントの単位がページである．あるホストの（またはある組織の，またはある個人の）先頭のページを**ホーム・ページ**と呼ぶ（なお，先頭かどうか区別せず，ウェブ・ページのことをホーム・ページと呼ぶことも多い）．

11.3　ウェブ・ドキュメントへのアクセス

ドキュメントのアドレス：URI　ウェブ・ドキュメントはアドレスで区別される．利用者がアクセスしたいドキュメントを指定する基本的な方法は，アドレスを指定することである．アドレスは**URI**（**Uniform Resource Identifier**, 統一化資源識別子）と呼ばれる（なお，以前はURL（Uniform Resource Locator）という用語が用いられたが，概念が拡張されURIとなった）．基本の形式は，

　　　　プロトコル：//ホスト名/ドキュメント名

である．各要素を説明する．

●**プロトコル**：ドキュメントへのアクセス方法の指定．アクセスするときに使

11.3 ウェブ・ドキュメントへのアクセス

```
<HTML>
<HEAD>
<META http-equiv="Content-Type" content="text/html; charset=EUC-JP">
<TITLE>ウェブ・ページの例2</TITLE>
</HEAD>
<BODY>
<H1>マルチメディア・ドキュメント</H1>
<P>ウェブ・ページには文字情報だけでなく、さまざまな形式の情報を
含めることができます</P>
<P>このページは画像を含んでいます。
<IMG src="Image1.jpg" width=220 height=130></P>
</BODY>
</HTML>
```

文字コードはEUC-JPを使用.
JPEGによる画像ファイルをこのページと同じ場所に置くことが必要.

(a) HTMLによる記述

ブラウザはMozilla Firefox 1.0を使用.

(b) ブラウザによる表示

図11.4　HTMLによるドキュメントの例2

うプロトコル名を（普通小文字で）書く．通常 **http**（ハイパーテキスト転送プロトコル，後述）と指定する．

●**ホスト名**：ドキュメントが存在するホストのドメイン名．なお，ドメイン名の最初（ホストのファースト・ネーム）を，ウェブ・サーバがあるホストということで **www** とすることが慣例となっているが，そうでなくてもかまわない．

●**ドキュメント名**：ホスト内のドキュメントのファイル名．これには次の二つの形式がある．

拡張子付きファイル名
ディレクトリ名1／ディレクトリ名2／…／拡張子付きファイル名

最初の形式は，ウェブ・サーバが管理するディレクトリ（フォルダ）にドキュメントがある場合である．次の形式は，ウェブ・サーバが管理するディレクトリの下に何階層かのサブディレクトリを作ってその中にドキュメントがある場合で，ディレクトリの階層を／で区切って示す．ファイル名の拡張子として，HTML 形式ドキュメントの場合は **html**（または **htm**）をドット（.）の後に付す．なお，拡張子付きファイル名は省略することができ，そのときはデフォルトのファイル名 **index.html** が仮定される．

URI の例を図 11.5 に示す．

アクセス用ソフトウェア：ブラウザ　利用者がウェブ・ドキュメントにアクセスするには，**ブラウザ**（拾い読みをするものの意）と呼ばれるウェブ・クライアント・プログラムを用いる．WWW が爆発的に普及するきっかけとなったのは，1993 年に，当時米国の国立スーパーコンピューティング応用センターにいたマーク・アンドリーセン（Marc Andreessen）が，使いやすい，画面ベースのブラウザ（名前は Mosaic）を開発したことによっている．その技術は現在のブラウザに継承されている．

ブラウザの画面の例を図 11.6 に示す．ブラウザを用いてウェブ・ドキュメントにアクセスする基本的な方法は次の二つである．

① ドキュメントのアドレス（URI）を指定する．
② 表示されているドキュメント中のハイパーリンクとなる文字列や図をマウスでクリックする．

http://www.w3.org/	World Wide Webコンソーシアムの先頭ページ
http://www.w3.org/Addressing/	URI，URLに関する説明ページ
http://www.isoc.org/	Internet Societyの先頭ページ
http://www.nic.ad.jp/	日本ネットワークインフォメーションセンターの先頭ページ
http://java.sun.com/	Sun Microsystems社のJava技術に関するページ

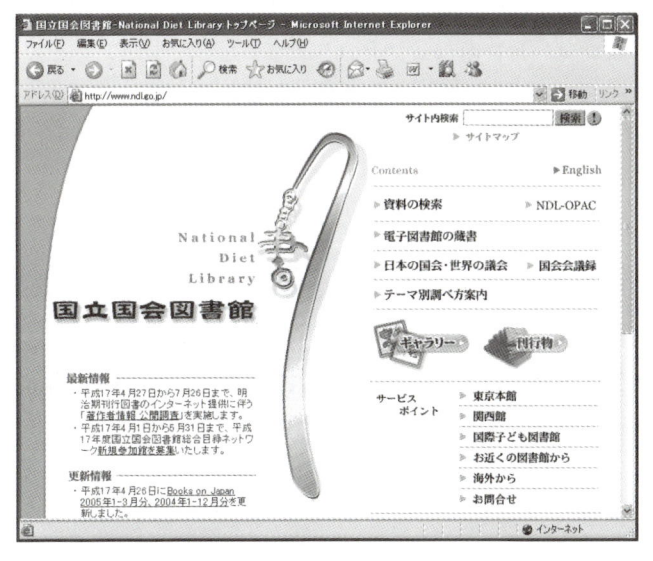

図 11.5　URIの例

ブラウザMicrosoft Internet Explorer 6を用いて，国立国会図書館のページにアクセスしたところ．

図 11.6　ブラウザの画面の例

（国立国会図書館の許可を得て掲載．）

このいずれかの操作により，該当するページが画面に表示される．特に，マウスのクリックだけでリンクをたどって次々に新しいページにアクセスすることができる，という使いやすさがブラウザの特徴である．ブラウザを使ってウェブのドキュメントを渡り歩くことを，ブラウジング（拾い読み），ナビゲーション（WWWの海の航海），ネット・サーフィンなどという．

ドキュメント検索用サーバ：検索エンジン　ウェブの海には海図が欲しいところだが，全体は複雑すぎ，また変化が激しすぎる．海図の代わりに，インフォメーション・センターというべきものがある．それが**検索エンジン**である．

検索エンジンはインタラクティブなホーム・ページの形になっている．ウェブ上でアクセスしたい情報をキーワードとして入力すると，検索エンジンが該当しそうなウェブ・ページの一覧を作って教えてくれる．

検索エンジンは，常日頃ウェブ上のさまざまなページにアクセスして（これはロボット・プログラムにやらせることもある），キーワードと該当ページとの対応表をデータベースに蓄えている．検索依頼が来ると，データベースを検索して，応答を返す．検索エンジンの先頭ページの例を図 11.7 に示す．

11.4　WWW のプロトコル

HTMLで記述されたウェブ・ドキュメントを転送するためのプロトコルが**ハイパーテキスト転送プロトコル**（**Hyper Text Transfer Protocol**，**HTTP**）である．ページの参照の度に，ブラウザとウェブ・サーバ間でTCPコネクションを設定して，HTTPによるドキュメントの転送を行う（ウェブ・サーバのポート番号は80と決まっている）．

HTTPはクライアントが要求（リクエスト）を出すとサーバが応答（レスポンス）を返す，というやりとりからなる．ページ取得の要求は，GETメソッドによりページのアドレス（URI）とHTTPバージョンを指定して行う．

　　GET　アドレス　HTTP バージョン

サーバからの応答はヘッダ群とそれに続くHTMLテキストからなる．HTTPレスポンスの例を図 11.8 に示す．

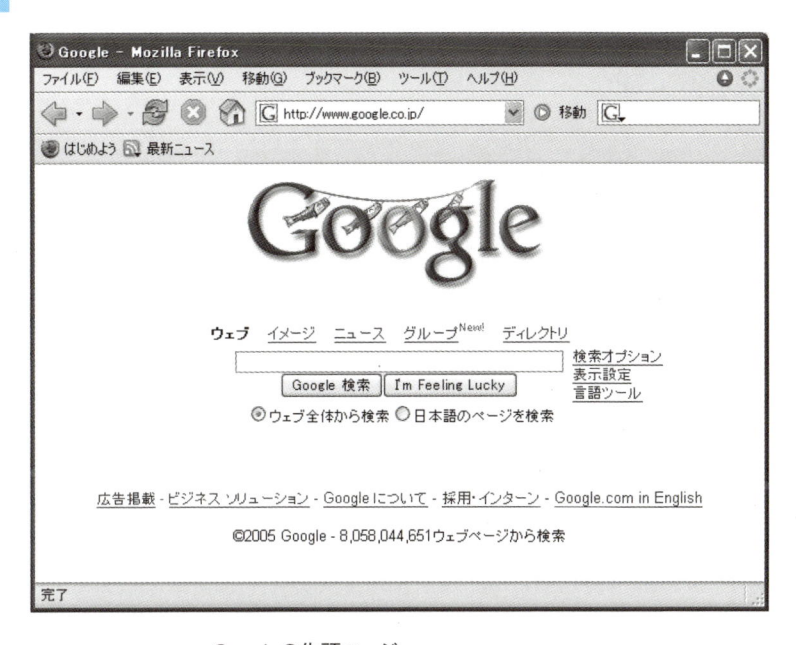

11.4 WWWのプロトコル

Googleの先頭ページ．
使用しているブラウザはMozilla Firefox 1.0.

図11.7 検索エンジンの画面の例

（グーグル株式会社の許可を得て掲載．）

```
HTTP Status Code: HTTP/1.1 200 OK
Date: Sun, 08 May 2005 02:11:29 GMT
Server: Apache/2.0.52
Connection: close
Content-Type: text/html
空行
メッセージ・ボディ（HTMLテキスト）
```

図11.8 HTTPレスポンスの例

11.5 ホーム・ページの作成

ホーム・ページの作成と公開　ホーム・ページの作成とは正しくはウェブ・ページの作成である．

HTML 形式のドキュメントを作る方法には次がある．

> ① テキスト・エディタを使う．普通のテキスト・エディタを使って，タグも自分で埋め込む．最も原始的だが，確実．原理がよく分かる．
> ② HTML ドキュメント作成用の HTML エディタを使う．
> ③ ワープロソフトを使う（HTML 形式で保存する機能があるもの）．簡単なページはこれでできる．

ドキュメントを公開するには，
- ウェブ・サーバに記憶領域を確保する．プロバイダと契約している場合は，契約の一部として含まれているのが普通である．
- 作ったドキュメントをウェブ・サーバにファイルとして登録する．離れたコンピュータからの登録には，ファイル転送プロトコル（12 章参照）を用いる．
- 上位のページがある場合は，そこからリンクを張る（張ってもらう）．

インタラクティブなウェブ・ページ　情報を表示するだけでなく，利用者からの入力を受け付けるようなウェブ・ページを作成することもできる．簡単にインタラクティブなページを作る方法として CGI がよく使われている．
- **共通ゲートウェイ・インタフェース**（**Common Gateway Interface**, **CGI**）：ウェブ・サーバ側にこのインタフェースを使ったプログラム（CGI プログラム）を用意する．ウェブ・ページでは HTML の FORM タグを用いて，利用者入力を受け取る指定をする．ブラウザは，利用者が入力した情報をウェブ・サーバ側に送る．送られた情報は CGI プログラムに渡され，プログラムはそれを処理して，実行結果を HTML ページとして出力する．そのページはウェブ・サーバからブラウザに渡され，新しいページとして表示される．

11.5 ホーム・ページの作成

表11.1 HTML（ハイパーテキスト・マークアップ言語）の主なタグ

タグ	説明
`<HTML>`と`</HTML>`	`<HTML>`はドキュメントの先頭に埋め込むタグで，HTMLドキュメントの始まりを示す．そしてドキュメントの最後に`</HTML>`を埋め込む．
`<HEAD>`と`</HEAD>`	これらで囲んだ中に，ドキュメントの属性に関する情報を入れる．
`<TITLE>`と`</TITLE>`	これらで囲んだ中に，ドキュメントのタイトルを入れる．このタイトルはブラウザがドキュメントを表示するとき，上の枠の部分に入る．
`<META xxxx>`	xxxxの部分に特別なドキュメント属性情報を入れる．たとえば，特別な文字コードの指定はここで行う．
`<BODY>`と`</BODY>`	本文の始まりと終りを示す．
`<H1>`と`</H1>`	これらで囲んだ文字列が，見出しとして，最も大きなフォントで表示される．
………	
`<H6>`と`</H6>`	これらで囲んだ文字列が，見出しとして，見出しの中では最も小さなフォントで表示される．
`<P>`と`</P>`	`<P>`は段落（パラグラフ）の始まりを示す．終りの`</P>`は無くてもかまわない．
` `	改行の指定．
`<A href="…">`と`</A>`	ハイパーリンクの指定．AはAnchorの意味で，これらの間に囲まれた文字列や画像がリンクになる．hrefの引数でリンクされる先のページのURI（ローカルなページならファイル名）を指定する．
`<IMG src="…">`	挿入する画像ファイルを指定する．例えば`<IMG src="file.jpg">`のように（画像の形式にはGIFやJPEGがある）．
`<APPLET>`と`</APPLET>`	Javaのアプレットを指定．

11.6 ウェブの利用の拡大

　ワールドワイドウェブは初めは静的な情報を提供するだけのものであったが，しだいに利用方法が拡大してきた．インタラクティブなウェブ・ページにより，ウェブ上での買い物，ホテルや航空券の予約，銀行利用など，さまざまな利用が広がっている．このためにサーバ側のプログラムを作りやすくする方法（13章参照）や，ウェブのセキュリティを確保する方法（14章参照）が開発されている．ウェブ上で電子メールの発信，受信が行えるウェブ・メールもよく使われている．またウェブ上でストリーミング配信機能を使い，ライブ映像（野球中継など）を見ることができるようになった．インターネットとテレビの融合の始まりとみることもできる．

　ワールドワイドウェブはインターネット利用の共通インフラになりつつある．

第 12 章
ファイル転送とリモート・ログイン

　以前からあるコンピュータ・ネットワークのアプリケーションで，今でもよく使われているものにファイル転送とリモート・ログインがある．離れたところにあるコンピュータまたはそのファイル・システムにアクセスしたいときに必要になる．

12.1	ファイル転送（**FTP**）
12.2	リモート・ログイン（**TELNET**）
12.3	安全なリモート・ログインとファイル転送

12.1 ファイル転送（FTP）

構成　ホスト間で，ファイルに入っているデータを送ったり，または受け取ったりするための機能がファイル転送である．インターネット・プロトコル群には，このための**ファイル転送プロトコル**（**File Transfer Protocol**，**FTP**）が定められている．

FTPによるファイル転送の概要を**図12.1**に示す．リモート・ホストにあるFTPサーバとローカル・ホストにあるFTPユーザ（クライアントにあたる）の間でFTPプロトコルを用いてファイル転送を行う．利用者は，ファイル転送の操作をするのに，ファイル転送コマンド（**ftpコマンド**）を用いる（プロトコルを指すときは大文字のFTPを用い，利用者コマンドを指すときは小文字のftpを用いる）．

なお，利用者はリモート・ホストにも利用者登録がされている（アカウントを持っている）ことが基本である．

ファイル転送の操作　ファイル転送プロトコルFTP用のユーザ・インタフェースとしてftpコマンドがUNIXのコマンドとして作られ，それが他のシステム（PC用OSなど）にも広がった．Linuxにもftpコマンドがある．

ftpコマンドの概要を**表12.1**に示す．ftpコマンドではパラメータでファイル転送の相手となるリモート・ホストを指定（ドメイン名またはIPアドレスで）する．リモート・ホストと接続されると，まずユーザIDとパスワード（これらはリモート・ホストのアカウントのものであることに注意）の問合せがある．これらに正しく応答するとftpのコマンド・モードに入り（プロンプトとしてftp>が出力される），以降ftpのコマンド（サブコマンド相当）が入力できる．

FTPでは転送されるデータの型を指定するようになっており，それに対応したftpのコマンドがある．デフォルトはASCII型であるので，日本語データ，バイナリ・プログラム，画像データなどを転送する場合は，その前にbinaryコマンドを入れる必要がある．ローカル・ホストのファイルをリモートに送るのにはputコマンドを用い，その逆にリモート・ホストのファイルをローカル・ホストに取り込むにはgetコマンドを用いる．リモート・ホストのディレクト

12.1 ファイル転送（FTP）

図 12.1 ファイル転送の概要

表 12.1 ftpコマンドの概要

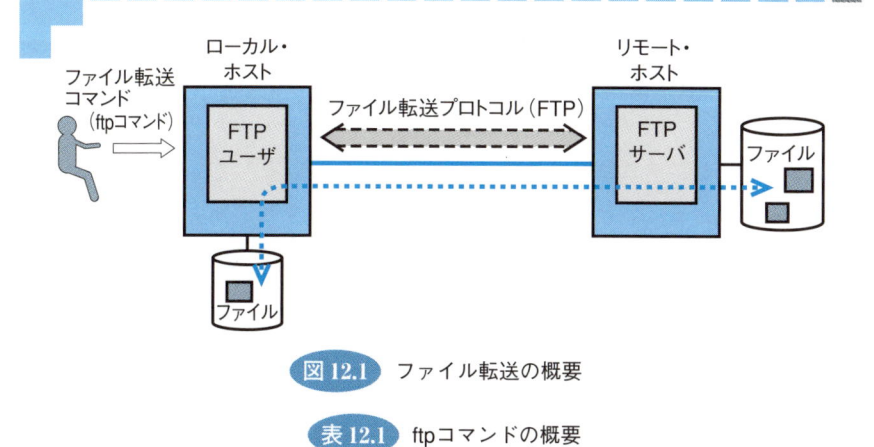

（構文は主要なもののみ示す．[ ]は省略できることを示す．）

---

ftpコマンド：
    ftp リモート・ホスト名　　　　　　　　　リモート・ホストのFTPサーバとの接続を確立．
応答：
    User:　　　　　　　　　　　　　　　　　　リモート・ホストのユーザIDの問合せ．
    Password:　　　　　　　　　　　　　　　　リモート・ホストのパスワードの問合せ．
    ftp>　　　　　　　　　　　　　　　　　　　プロンプト．ftpのコマンドを入力できる．
ftpの主なコマンド（サブコマンドに相当）：
    binary　　　　　　　　　　　　　　　　　　転送されるデータの型をイメージ型に設定．
    ascii　　　　　　　　　　　　　　　　　　　転送されるデータの型をASCII型に設定．
    get リモート・ファイル名　　　　　　　　　リモートからローカルへのファイル転送．
        ［ローカル・ファイル名］
    put ローカル・ファイル名　　　　　　　　　ローカルからリモートへのファイル転送．
        ［リモート・ファイル名］
    cd リモート・ディレクトリ名　　　　　　　リモート・ホストの作業ディレクトリの変更．
    ls (またはdir)
        ［リモート・ディレクトリ名］　　　　　リモート・ホストのディレクトリの内容の出力．
    mkdir リモート・ディレクトリ名　　　　　　リモート・ホストのディレクトリの生成．
    delete リモート・ファイル名　　　　　　　　リモート・ホストのファイルの削除．
    lcd ［ローカル・ディレクトリ名］　　　　　ローカル・ホストの作業ディレクトリの変更．
    bye (またはquit)　　　　　　　　　　　　　FTPセッションおよびftpコマンドの終了．

リの操作もコマンドでできる．

Windowsではコマンドプロンプトのウィンドウでftpコマンドを使用できる．また，簡単なGUI操作でファイル転送を行えるようにしたツールもいろいろある．

リモート・システム側での設定により，利用者登録なしでファイル転送を許すようにもできる．これはファイルのダウンロードなどに利用される．

ファイル転送プロトコル：FTP　FTPのプロトコルのモデルを図12.2に示す．FTPでは2種類のTCPコネクションを用いる．ファイル転送制御用の指令（これもコマンドと呼ぶ）およびその応答のやりとりは制御コネクションで行う．ファイル・データの転送はその都度データ・コネクションを設定して行う．なお，制御コネクションのプロトコルは次に述べるTELNETプロトコルに従う．

12.2　リモート・ログイン（TELNET）

構成　ローカル・ホストの利用者が，ローカル・ホストと通信接続されているリモート・ホストにローカル・ホスト経由でログインして，以降リモート・ホストの利用者として遠隔地からシステムを使用することができる．このためのインターネット標準プロトコルが**TELNET**である．このとき，利用者はリモート・ホスト上にもアカウントを持っていなければならないのはもちろんである．TELNETを用いたリモート・ログインの概要を図12.3に示す．

リモート・ログインの操作　リモート・ログインの操作をするためにローカル・ホストの利用者は**telnet**コマンドを使う．telnetコマンドの概要を表12.2に示す．telnetコマンドではパラメータでリモート・ホストを指定（ドメイン名またはIPアドレスで）する．リモート・ホストに接続されると，後はリモート・ホストを直接端末から用いているのと同じ操作になる．すなわち，まずユーザIDとパスワード（これらはリモート・ホストのアカウントのものであることに注意）の問合せがあり，これらに正しく応答すると，以降コマンド（リモート・ホストのコマンド）が入力できる．

UNIXおよびLinuxではTELNETサーバ，クライアントのいずれをもサ

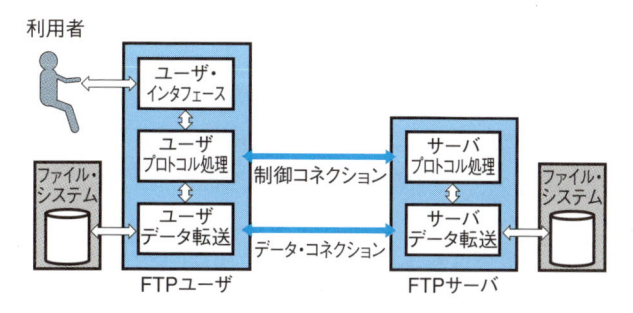

12.2 リモート・ログイン（TELNET）

図12.2 ファイル転送プロトコルFTPのモデル

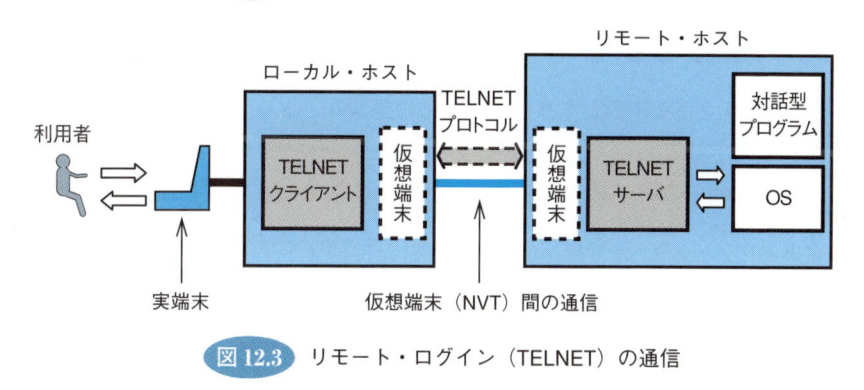

図12.3 リモート・ログイン（TELNET）の通信

表12.2 telnetコマンドの概要

（構文は主要なもののみ示す．）

---

telnetコマンド：
 telnet　リモート・ホスト名　　　　リモート・ホストのTELNETサーバとの接続を確立．
応答（以降は通常の端末操作と同じ．）：
 login:　　　　　　　　　　　　　リモート・ホストの利用者名（ログイン名）の問合せ．
 Password:　　　　　　　　　　　リモート・ホストのパスワードの問合せ．
 コマンド・プロンプト　　　　　　リモート・ホストのコマンドを入力できる．
終了：
 リモート・セッションを終わらせる．またはCTRL-]を入れた後，
 telnetのコマンド（サブコマンド）であるcloseまたはquitを入れる．

ポートしている．Windowsではクライアント機能（telnetコマンド）がサポートされている．

リモート・ログインのプロトコル：TELNET　TELNETでは，仮想的な端末（Network Virtual Terminal, NVT）を定義し，両方のホストにその仮想的な端末があって，ネットワーク経由で通信する，という考え方をしている．TELNETプロトコルの内容は，その仮想的な端末への出力データおよびそれからの入力データの形で定義されている．TELNETプロトコルはTCPコネクションの上で送られる．

12.3　安全なリモート・ログインとファイル転送

TELNETとFTPのセキュリティ上の注意事項　インターネットは通信の安全性が保証されておらず，TELNETやFTPで送るデータはユーザIDやパスワードも含めて途中で見えてしまう．従ってインターネットを通してこれらを使うことは避けるべきである．これらを安全に使うには，LAN内で使うか，または直接ダイヤルアップ等で接続する相手との間で使う（自分が契約しているプロバイダとの間の通信は後者になる）．

安全なリモート・ログインとファイル転送：セキュア・シェル（SSH）　安全にリモート・ログインとファイル転送を行うためのプロトコルとして**SSH**（Secure Shell）がある．SSHではパスワードを含めて通信データが暗号化される（暗号技術については14章参照）．

● **安全なリモート・ログインの操作**：UNIXおよびLinuxの上で動くSSHの実装としてOpenSSHがある．その中のsshコマンドにより，SSHによる安全なリモート・ログインができる．操作はtelnetと似ている．

　Windows上でSSHのクライアントとしてリモート・ログインを行えるツールもある．

● **安全なファイル転送の操作**：OpenSSHの中のsftpコマンドにより，SSHによる安全なファイル転送ができる．sftpではftpに似たコマンドが使える．

　Windows上でSSHのクライアントとしてファイル転送を行えるツールもある．

第13章
ネットワーク・プログラミング

　コンピュータ・ネットワークのやや高度な利用法として，コンピュータ・ネットワーク上のアプリケーション（分散アプリケーション）の作成がある．これにより，コンピュータ・ネットワークのさまざまな可能性をひきだすことができる．本章では分散アプリケーション作成のための通信方式を中心に述べる．これはトランスポート・サービスを前提とし，それより上位の仕組みである．

> 13.1　対等（ピア・ツー・ピア）通信
> 13.2　クライアント・サーバ方式
> 13.3　分散オブジェクト
> 13.4　**Java** アプレット
> 13.5　**XML** とウェブ・サービス

13.1 対等（ピア・ツー・ピア）通信

通信しあう二つのプログラムが，通信に関して対等の立場にあるのが**対等**（peer-to-peer，**ピア・ツー・ピア**）**通信**である．次節で述べるクライアント・サーバ方式は，通信しあう二つのプログラムに主従関係があり，対等でない．対等通信の方が通信の自由度が高く，より基本の方式ということができる．これは，全2重通信方式と半2重通信方式の二つに分かれる．

なお，インターネット上で不特定多数の個人間で直接ファイルを交換する形態が現れ，そのようなサーバを介さずにコンピュータが1：1で通信する形態もピア・ツー・ピア（P2P）と呼ばれる．本節で述べるのはもっと基本のプログラム間の通信方式についてである．

(1) **全2重通信方式**

通信しあう二つのプログラムのいずれもが，いつでもデータ送信を行える（同時でもかまわない）のが全2重通信である．TCPによって提供されるトランスポート・サービスをそのまま使う場合はこれである．

アプリケーション間通信に全2重通信を用いた場合の得失は：

> **利点**：通信に関して自由度が高く，また効率も良い．
> **問題点**：プログラム間の同期のとり方が難しくなる．複数プロセス（または複数スレッド，スレッドとは軽量プロセスのこと）を用いたプログラミングなどが必要になる．

全2重通信で同期のとり方が難しくなる簡単な例を図13.1に示す．もし，プログラムを処理の流れが一つのシングル・プロセス（またはシングル・スレッド）として作った場合，両方のプログラムが相手からの送信を期待して共に受信の待ちに入ってしまうと，それらは永久に先に進まなくなる（デッドロックとなる）．お互いにどういう順番で送信と受信をするかをきちんと約束して，それに従ってプログラミングすればこれは防げる．しかし，いつでも送信できることが全2重の良い点である．そのような非同期に来るデータを受け取れるようにするには，複数の処理の流れを持つプログラムにする必要がある．図13.2に例を示す．

13.1 対等（ピア・ツー・ピア）通信

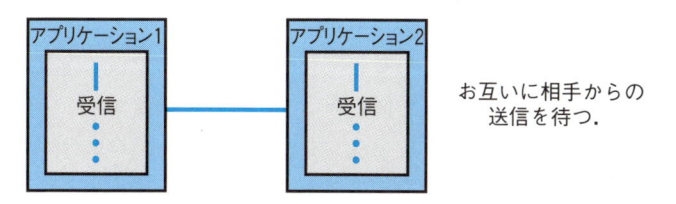

図 13.1 全 2 重通信によるデッドロックの例

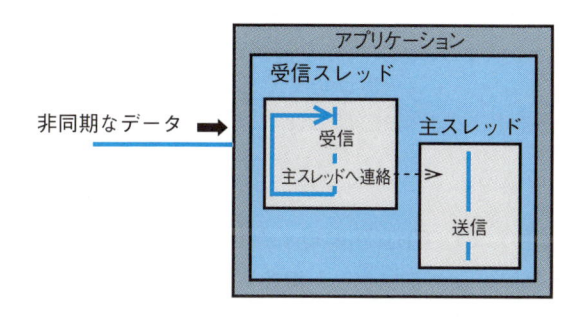

図 13.2 非同期に来るデータの受取りの例

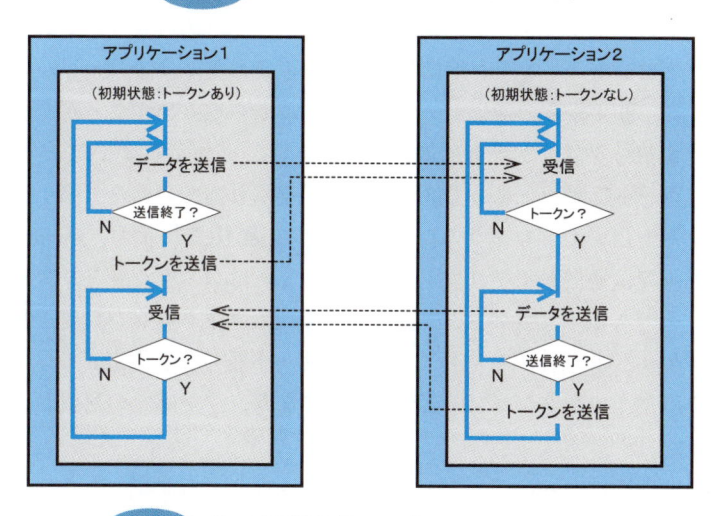

図 13.3 半 2 重通信を行うアプリケーションの流れ

(2) **半2重通信方式**

通信の仕方に制約を加えることにより，プログラミングをしやすくし，プログラムの信頼性を確保することができる．そのためのやや古い方式が，アプリケーションのレベルでの半2重通信である．一時点で送信ができるのは片側のプログラム（送信権（トークン）を持つもの）に限る．プログラムが送信側から受信側にまわるときには，相手プログラムに送信権を渡す．これにより秩序ある通信が実現され，プログラムは処理の流れが一つの単純な構造で済む（前頁図 13.3）．

アプリケーションのレベルでの半2重通信は，全2重のトランスポート・サービスの上に実現される．トランスポート・サービスの上に，半2重通信のためのプロトコル層が用意され，その上でアプリケーション間の通信が行われる，と考えることができる．

ソケット　TCP および UDP が実現するトランスポート・サービスを，OS 機能として提供しているのが**ソケット機能**である．アプリケーション同士が，ソケット機能を使って通信を行える．ソケット機能は，初め UNIX の BSD（Berkeley Software Distribution）版で開発された．

ソケットは，アプリケーションから見た通信データの出入り口である．電気が壁のコンセント（コンセントは和製英語，正式の英語は socket）から取り出せるように，相手からの通信データはソケットから取り出すことができ，また相手に渡すデータはソケットに流し込めば良い．ソケットは TCP や UDP のポート（ポートはポート番号で区別される）を割り当てられる（図 13.4）．

ソケットを用いたプログラム間通信の流れを図 13.5 に示す．socket システム・コールでは通信タイプ（コネクション型またはコネクションレス型）を指定する．そのあと，コネクション型では，接続（コネクション）要求側から相手側のソケットのアドレス（IP アドレスとポート番号）を指定してコネクション要求を出す．コネクション確立後は対等になり，全2重での送信および受信を行える．

ソケット機能は Linux や，さらに Windows などでもサポートされている．

13.1 対等（ピア・ツー・ピア）通信

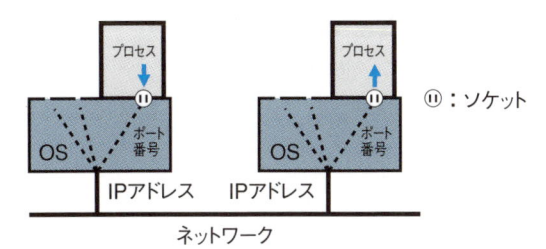

⑪：ソケット

プロセスはOSから見たプログラム実行の単位

図 13.4 ソケットによる通信

接続要求側プロセス　　接続待ち側プロセス

- ソケットを作成 — **socket**　　**socket** — ソケットを作成
- 　　　　　　　　　　　　　　　**bind** — ソケットにポート番号を指定
- コネクション要求 — **connect** ┄┄→ **listen**
- 　　　　　　　　　　　　　　　**accept** — コネクション確立
- 送信または受信 — **send/recv** ⇔ **recv/send** — 受信または送信（送受信用システムコールは他にもある）
- 　　　　　　　　**close**　　　**close** — コネクション切断とソケットの破棄

太字はシステムコール

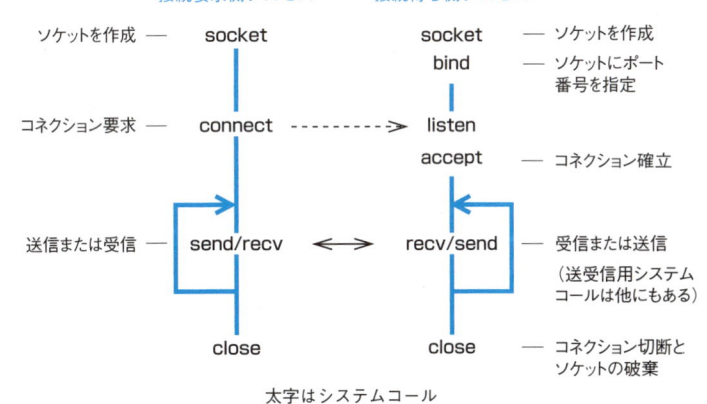

図 13.5 ソケットを用いたプログラム間通信の流れ（コネクション型の場合）

13.2 クライアント・サーバ方式

クライアント・プログラムとサーバ・プログラム　通信しあうプログラムを対等の位置に置くのではなく，役割を分けて，ネットワークを介してサービスを提供する側と，サービスを要求して受ける側とにすることにより，通信のやり方を含めてプログラム構造がすっきりする．前者を**サーバ・プログラム**（サーバと略す），後者を**クライアント・プログラム**（クライアントと略す）と呼ぶ．通信は，クライアントが開始し，サーバに対して**要求**を送る．サーバは要求を受け取ると，その内容に応じた処理を行い，結果を**応答**としてクライアントに返す（図 13.6）．ネットワーク上のアプリケーション（分散アプリケーション）を，このようにサーバとクライアントから構成する方式を**クライアント・サーバ方式**，またそのように構成した分散アプリケーション・システムを**クライアント・サーバ・システム**と呼ぶ．クライアント・サーバ方式は広い範囲の分散アプリケーションに適用できることが分かり，一般的な方式となった．

　クライアント・サーバ方式での通信は，クライアント側は送信をした後に受信，サーバ側はその逆に受信をした後送信，という単純なもので，かつクライアント・サーバ間で同期が取れたものになる．従って，プログラム構造も単純（処理の流れは一つ）で良い．ただし，サーバが多数のクライアントにサービスを提供する場合は，複数のクライアントからの要求を並列に処理できるように，処理の流れを複数持つ構造にする．多重スレッドの例を図 13.7 に示す．

　なお，主にクライアント・プログラムを実行するコンピュータをクライアント・コンピュータ，また主にサーバ・プログラムを実行するものをサーバ・コンピュータ，という呼び方をする．通常，利用者が直接使うのはクライアント・コンピュータである．

遠隔手続き呼出し（RPC）　クライアント・サーバ方式では，アプリケーションに対して使いやすい通信インタフェースを提供することができる．それはプログラムでよく使うサブルーチンコール（手続き呼出し）を分散環境に拡張したもので，**遠隔手続き呼出し**（**Remote Procedure Call**，**RPC**）と呼ばれる．RPC による通信を図 13.8 に示す．アプリケーションから見ると，通信をしているというより，手続き（それは遠隔にある）を呼び出して実行してい

13.2 クライアント・サーバ方式

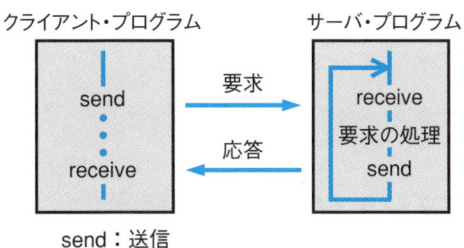

send：送信
receive：受信

図 13.6 クライアント・サーバ方式

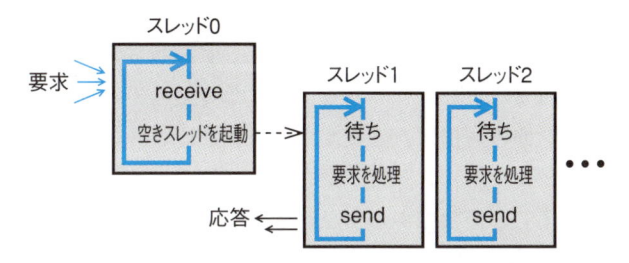

要求が来たら，それを処理するスレッドを要求ごとに起動する．

図 13.7 サーバ・プログラムの作り方（複数クライアントの場合）

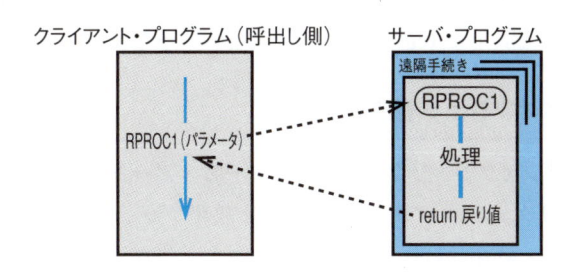

図 13.8 遠隔手続き呼出し（RPC）

るだけである．分散アプリケーションの作成が，通信のパラダイムでなく，一般的なプログラミングのパラダイムで行えることになる．

RPC では実際の通信の処理は RPC 用のライブラリ（コンパイラなどが自動生成してくれることが多く，**スタブ**と呼ばれる）の中で行われる．これを**図 13.9** に示す．

13.3 分散オブジェクト

オブジェクト指向に基づいた通信　オブジェクト指向の考え方は，プログラムをオブジェクトの集まりとしてとらえる．オブジェクトは，その作りは外部からは見えない．そして，あるメッセージを受け付けて，結果のメッセージを返す，という形の外部仕様を持つ．この考え方は分散環境にもよく適合する．分散アプリケーションを分散したオブジェクト（すなわち**分散オブジェクト**）の集まりとして構成することが行われるようになってきている．

アプリケーション間の通信は，分散オブジェクト間のメッセージのやり取りとなる．あるオブジェクトにメッセージを渡し，結果のメッセージをもらうのは，遠隔手続き呼出しと同様である（なおオブジェクト指向では手続きの代わりにメソッドいう）．各プログラムがオブジェクトの集まりであることから，遠隔メソッド呼出しの方向はいろいろあり得る．すなわち分散オブジェクトの方式は，クライアント・サーバの関係が固定でなく，分散アプリケーションの中にいろいろなクライアント・サーバの関係があっても良いというように，クライアント・サーバ方式を拡張したものである（**図 13.10**）．

具体的な分散オブジェクト技術

(1) **共通オブジェクト・リクエスト・ブローカ・アーキテクチャ（CORBA）**
分散アプリケーション開発のための分散オブジェクト技術の一つに，OMG（Object Management Group）という団体が開発した**共通オブジェクト・リクエスト・ブローカ・アーキテクチャ（Common Object Request Broker Architecture，CORBA）**がある．これは，機種の異なるコンピュータを用い，また種類の異なる開発用プログラミング言語を用いるという，異機種，異プログラミング言語環境で，一つの分散アプリケーショ

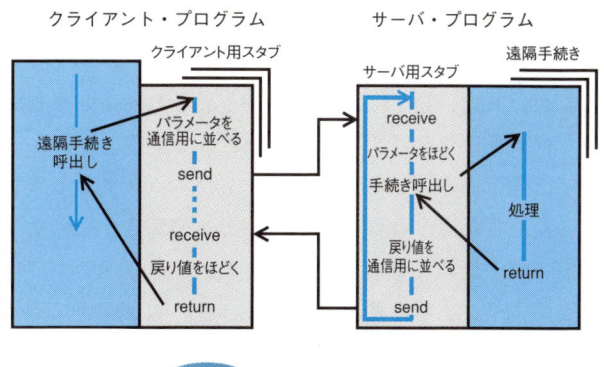

図 13.9 RPCのメカニズム

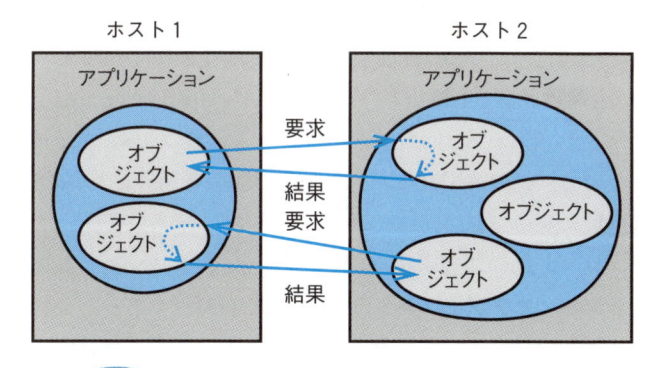

図 13.10 分散オブジェクト間のメッセージのやり取り

ンを構築することを可能にする技術である（図 13.11）．

CORBA そのものは仕様の集まりである．中心的な仕様の一つが**インタフェース定義言語**（**Interface Definition Language**，**IDL**）である．これは分散オブジェクト間のインタフェース（遠隔メソッド呼出しの仕様）を定義するための共通言語である．IDL で定義されたインタフェース記述は，開発用プログラミング言語ごとに用意される変換プログラム（IDL コンパイラ）で，通信用のライブラリ・プログラム（**スタブ**と**スケルトン**と呼ばれる）に変換される．これらを，CORBA の別の仕様に基づいて作られた通信基盤プログラムであるオブジェクト・リクエスト・ブローカの上で動かすことにより，実際の通信が実現される．図 13.12 にこの仕組みを示す．クライアント・プログラムがメソッド呼出しをすると，スタブ，オブジェクト・リクエスト・ブローカ，スケルトン経由で相手オブジェクトのメソッドが呼び出される．

(2) **Java 遠隔メソッド呼出し（Java RMI）**

Java 言語を前提に，その付加機能として実現された分散オブジェクト技術が**Java 遠隔メソッド呼出し**（**Remote Method Invocation**，**RMI**）である．分散オブジェクト間のインタフェース定義は Java で記述する（言語が一つなので，特別の IDL は不要）．その他の仕組みは CORBA に近い．

(3) **DCOM**

マイクロソフト社の開発環境を前提にした分散オブジェクト技術が**分散コンポーネント・オブジェクト・モデル**（**DCOM**）である．これは同社のオブジェクト指向に基づいたプログラム開発技術であるコンポーネント・オブジェクト・モデル（COM）を分散環境用に拡張したものである．

13.4　Java アプレット

WWW のページの中に，実行可能なプログラムを含むことができる．このプログラムは，Java 言語で作成することができ，**アプレット**と呼ばれる．アプレット実行の仕組みを図 13.13（169 頁）に示す．アプレットは，Java コンパイラでコンパイルされた中間コード（バイト・コード）形式のものを，ウェブ・

13.4 Java アプレット

図 13.11 CORBAによる分散アプリケーションの実現例

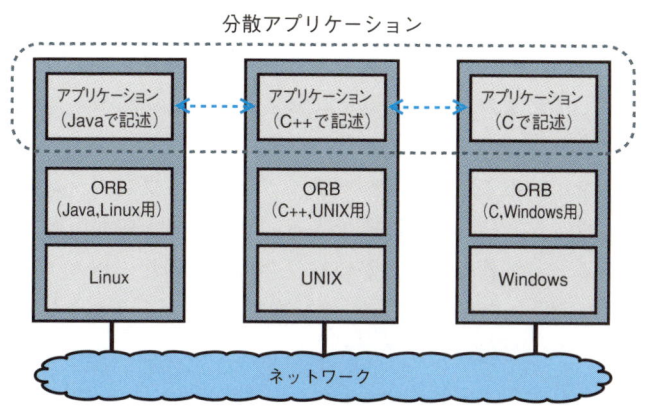

ORB:オブジェクト・リクエスト・ブローカ

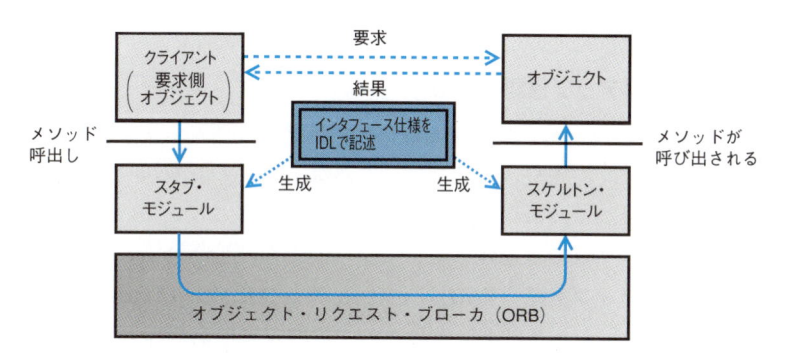

図 13.12 CORBAによる通信のメカニズム

ページと共にウェブ・サーバ内に保存する．ウェブ・ページからは HTML の APPLET タグで中間コードのファイルを指す．ページがブラウザからアクセスされたとき，アプレットも一緒に転送される．そして，ページがブラウザで表示されるときに，アプレットの実行も行われる．アプレットの実行は，ブラウザの一部として含まれている Java 仮想マシンにより，インタープリティブに行われる．

アプレットを用いることにより，クライアント側でプログラム実行がなされるので，動くウェブ・ページを作成できる．アプレットが利用者インタフェース・プログラムとして振る舞い，かつバックエンドのサーバ・プログラムとは CORBA や Java RMI を利用してデータ交換をする，というような利用もできる．

なお，アプレットには，クライアントのファイルへのアクセスは許されないなどの，セキュリティ上の制約がある．

13.5 XML とウェブ・サービス

ウェブの技術が拡張されて，ネットワーク上のアプリケーション間の通信に用いられるようになった．

拡張可能マークアップ言語（XML） ハイパーテキスト・マークアップ言語（HTML）は，ウェブ・ページの情報をタグ付きの形式で表すことにより，人間にも理解しやすく，またプログラムでも処理しやすいものになった．同様に，いろいろな用途ごとに，情報をタグ付き形式で表すことにより，人間にも理解でき，かつプログラムでも処理しやすくなることが期待される．そのために，**拡張可能マークアップ言語（XML = eXtensible Markup Language）** が作られた（すでにあったタグ付き形式のための標準規格である SGML（Standard Generalized Markup Language）のサブセットとして作られた）．

XML はいろいろな用途ごとに定められるタグ付き記述形式の共通仕様である．XML では情報の記述単位は「< タグ名 > 内容 </ タグ名 >」の形をした**要素**であるとしている．そして情報（文書）を複数の要素から構成されるものとして記述する．要素の内容として別の要素（子要素）を持つ構成（入れ子構造）が可能である．要素には付加情報として属性を記述できる（**図 13.14**）．

13.5 XMLとウェブ・サービス

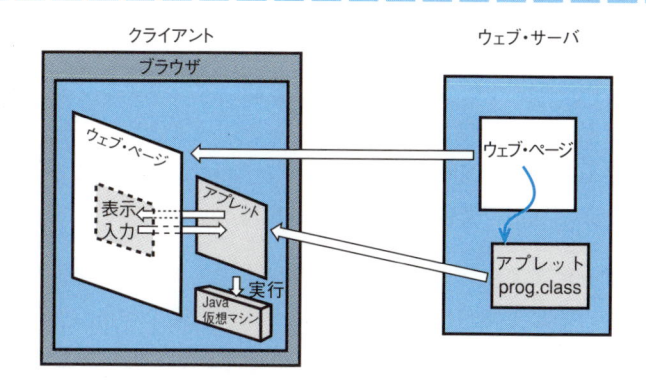

図13.13 Javaアプレットの実行

● 要素：記述の単位
基本形式：

<タグ名> 内容 </タグ名>

開始タグ　　終了タグ

内容は、一つ以上の要素（子要素）や
テキスト情報を含むことができる．
要素の入れ子構造は何段になっても良い。

● 属性：要素の付加情報
形式：

<タグ名　属性名1="属性値1"　属性名2="属性値2"　…>

図13.14 XMLの概要

XML — タグ付き言語の共通仕様

XMLに従うタグ付き言語　XMLに従うタグ付き言語　… — 具体的なタグ付き言語

その言語で書かれた文書　その言語で書かれた文書　… — XML文書

図13.15 XMLとタグ付き言語の関係

特定用途のためには具体的にタグの種類と名前を定め，属性を定め，また要素間の構成ルールを定めることが必要である．それを定めたものが，その用途用のタグ付き記述形式（すなわち**タグ付き言語**，**マークアップ言語**）となる．実際にアプリケーション間で受け渡しされる情報（文書）は，特定のタグ付き言語で記述されたもの（**XML 文書**という）である．この関係を図 13.15（前頁）に示す．また XML 文書の例を図 13.16 に示す．

ウェブ・サービス　これまでのウェブはウェブ・ページを提供するものであり，人間同士の情報交換が目的であった．ウェブ技術を利用し，コンピュータ（のアプリケーション）間で情報交換を行うことを実現するものが**ウェブ・サービス**である．コンピュータ間でネットワークを介して交換される情報は XML 形式のものであり，アプリケーションによる処理がしやすい．図 13.17 に概念を示す．ウェブ・サービスの技術を用いて，ウェブ上でさまざまなサービスが提供されるようになることが期待されている．

ウェブ・サービスにおいて，サービス提供側とそれを利用する側のアプリケーション間の通信用のプロトコルの一つとして **SOAP** がある．SOAP ではネットワークを介して交換されるメッセージの形式が XML 形式で定められている．SOAP を用いて一方向型の通信や RPC 型の通信が行える．

ウェブ・サービスにおいてネットワーク上でやり取りされる情報が XML 形式の文書であることの利点として次がある．

- ネットワーク上でやり取りされる情報の仕様（インタフェース仕様）が多くの人間に理解しやすく明確なため，サービス提供側と利用側間の関係が疎になり，相互運用性が向上する．それらを別々に開発することも容易になる．
- インタフェース仕様の決定が容易になる（関係者にとって理解しやすいため）．

13.5 XML とウェブ・サービス

```
<?xml version="1.1"enconding="Shift_JIS"?>
<注文書>
  <顧客>
    <氏名>山下一郎</氏名>
    <電話番号>012-345-6789</電話番号>
  </顧客>
  <日付　年="2005"　月="5"　日="10"/>
  <商品　種類="本">
    <品名>XML入門</品名>
    <数量>1</数量>
  </商品>
  <商品　種類="DVD">
    <品名>スキーレッスン</品名>
    <数量>2</数量>
  </商品>
</注文書>
```

注文書のためのタグ付き言語（の例）を用いて記述した文書の例

図 13.16 XML文書の例

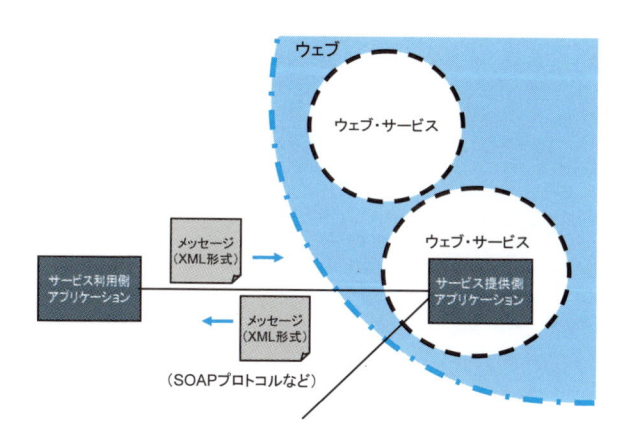

図 13.17 ウェブ・サービスの概念

第14章
ネットワークのセキュリティ

　ネットワークを安心して利用できるようにするために，ネットワークの安全対策が大きな課題である．新しい暗号方式が脚光を浴びており，利用されるようになってきた．

　また，ネットワークを介してばらまかれる不正プログラム（コンピュータ・ウイルスなど）に対する防護が必要である．

14.1	安全性を脅かす要因
14.2	通信路の安全性
14.3	暗号技術とその利用
14.4	不正プログラム
14.5	ファイアウォール

14.1　安全性を脅かす要因

ネットワークでは次のようなセキュリティ上の問題が生じる恐れがある．

① **盗聴**：ネットワークは盗聴に弱い．特に，インターネットの場合，通信の途中で経由するルータで情報が見えてしまう．機密情報（会社や個人の秘密情報）をそのままネットワークを介して送るのは危険が伴う．
② **他人になりすます**：ネットワークでは顔が見えず，本人かどうかの確認が簡単でない．他人になりすまして，不正行為をされる危険性がある．
③ **不正アクセス**：ネットワークを介してシステムに不正アクセスされる．
④ **文書の偽造（ねつ造，改ざん）**：デジタル情報はコピーをしても情報が劣化しないため，原本と改ざん版との区別が付きにくい．内容の改変も容易である．
⑤ **否認**：④の逆で，本人の文書を，後で自分のもので無い，と否認される恐れもある．
⑥ **有害情報の流入**：外部の有害情報（コンピュータ・ウイルスなど）がネットワークを介してシステムへ流入する危険性がある．
⑦ **機密情報の漏洩**：システム内部の機密情報がネットワークから外部へ漏洩する危険性がある．

これらの危険性に対する対策方法を**表 14.1** にまとめる．盗聴から否認までへの対策には暗号技術が利用される．

14.2　通信路の安全性

インターネットは安全な通信路ではない　インターネットでは，途中のルータで情報（パケット）の中身を見ようとすれば見えてしまう．郵便でいえば葉書による通信のようなものである．従って，インターネット利用上は次の注意が必要である．

- 秘密に保つべき情報（ユーザ ID とパスワード，クレジットカードの番号，その他）を，そのまま（裸で）送らない（電子メールや WWW などで）．
- ユーザ ID とパスワードが裸で送られるようなリモートアクセスはしない

14.2 通信路の安全性

表14.1 ネットワークの安全性への脅威と対策方法

安全性への脅威	主な対策
盗聴	情報の秘匿（暗号化など）
他人になりすます	本人確認（認証）
不正アクセス	本人確認（認証）
文書の偽造（ねつ造，改ざん）	デジタル署名
文書の否認	デジタル署名
有害情報の流入	ファイアウォール ワクチン・ソフト
機密情報の漏洩	ファイアウォール

(telnet, ftp, SMTP サーバや POP3 サーバへのアクセスなど).

安全な接続　次のような接続は，より安全である．

① **LAN による内部接続**：いわゆるイントラネットの範囲では，「外部秘」の情報を送れる．
② **電話回線による接続**：電話網は電話会社に管理されているため．
③ **私設網による接続**：インターネットとは別の網で，管理されているため．
④ **暗号化された通信路**：暗号技術を利用して，通信内容を秘匿できる．通信データの暗号化を利用者にまかせずに，利用者が使うプロトコル・レベルで行うことにより暗号化された安全な通信路が提供される（**図 14.1**）．詳細については次節で述べる．

14.3　暗号技術とその利用

ネットワークにおける安全性の確保のために，暗号技術は大きな役割を果たす．

(1) 暗号の概念

　安全でない通信路を用いて通信する場合に，情報を秘匿して送る方法として暗号化がある．**暗号**の概要を**図 14.2** に示す．送り側が，普通の文（**平文**という）を**暗号化**して**暗号文**とする．通信には暗号文を用いる．受取り側では暗号文を**復号化**して，元の平文を取り出す．暗号化では，**暗号化鍵** K をパラメータとした暗号化関数 E_K により平文 P を暗号文 C へと変換する．また，復号化では，復号化鍵 K' をパラメータとした復号化関数 $D_{K'}$ により，暗号文を変換する．復号化で元の平文 P を取り出せるためには，暗号化と復号化の関数が

$$P = D_{K'}(C) = D_{K'}(E_K(P))$$

の関係を満たす必要がある．

　暗号では，次のいずれかを秘密に保つことにより，暗号文が入手されても，平文を知られずに済む．
- 暗号化および復号化のアルゴリズム
- （復号化の）鍵

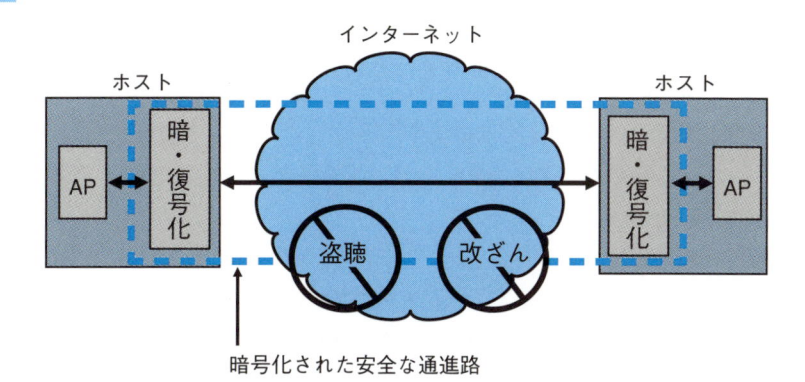

図14.1 暗号化された通信路

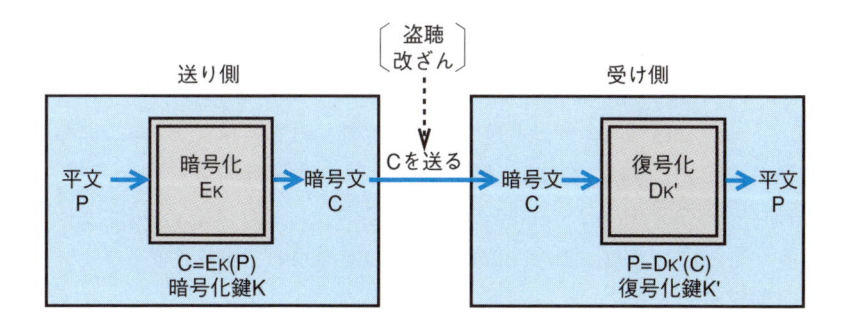

図14.2 暗号の概要

アルゴリズムを秘密にするのは管理が大変なので，普通はアルゴリズムは公開で，鍵だけを秘密にする．

(2) **従来の暗号方式**

暗号は古くから使われている．暗号の基本の方式は次の二つである．

> ① **換字式暗号**：ある文字を別の文字で表す．たとえば各文字をアルファベットで n 文字離れた文字で表すなど．この場合 n が暗号化および復号化の鍵になる．
>
> ② **転置式暗号**：文字の順序を入れ替える．簡単な例は，横書きに書いた文を，縦読みにする．このとき，1行の文字数を m とすると，文の m 文字ごとに文字を拾っていくことに相当し，m が暗号化および復号化の鍵になる．

従来の暗号系は，換字と転置を何回も組み合わせたアルゴリズムとなっている．また，暗号化と復号化の鍵は同じである．このような暗号を**共通鍵暗号**，**対称鍵暗号**，または（その後出てきた公開鍵暗号との対比で）**秘密鍵暗号**と呼ぶ．

米国で1977年に一般文書（軍用でないもの）用暗号標準として **DES**（Data Encryption Standard）が定められた．これは鍵の長さが56ビットで，平文を64ビット単位に区切り，転置と換字を何度も繰り返すアルゴリズムで暗号化する．さらに2001年に，DESに代わる次世代の共通鍵暗号標準として **AES**（Advanced Encryption Standard）が定められた．これは平文の128ビットのブロックを，128，192，または256ビットの鍵を用いて暗号化する．

(3) **公開鍵暗号方式**

秘密鍵暗号は通信をするペアごとに鍵が必要である．ネットワーク環境では，利用者数が膨大になるため，利用者数 N の2乗に比例した個数（$N \cdot (N-1)/2$ 個）の鍵が必要な秘密鍵暗号は実際的でない．そこで，暗号化鍵と復号化鍵を別にして，暗号化鍵は公開し，復号化鍵だけ秘密にする暗号方式が考え出された．ある特定の相手Aさんと通信するのに，送り手が誰でも，Aさん用の公開されている暗号化鍵でメッセージを暗号化して送る．Aさんは，自分の復号化鍵を用いて復号化する．復号化鍵は秘密で，Aさんしか持っていないので，これで通信の秘密が保たれる．もちろん，これには，暗号化鍵から復号化鍵を類推することができない，という条件が成り立つ必要がある．この方式では，利

14.3 暗号技術とその利用

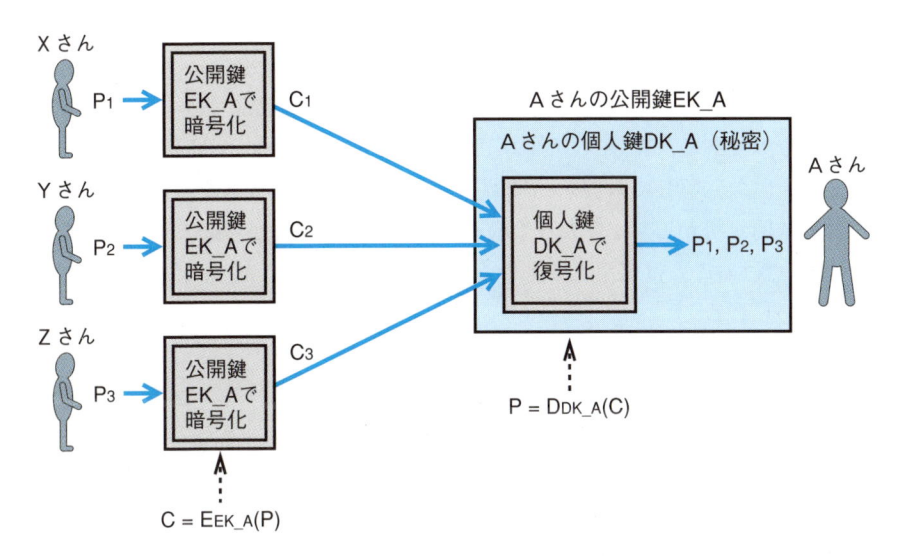

$C = E_{EK\_A}(P)$

$P = D_{DK\_A}(C)$

Aさん宛に通信する場合

図14.3 公開鍵暗号方式の概要

用者数 N のとき，$2N$ 個の鍵があれば良い．この方式による暗号を**公開鍵暗号**または**非対称鍵暗号**という．そして，公開する暗号化鍵を**公開鍵**（public-key），秘密にする復号化鍵を**個人鍵**と呼ぶ（前頁図 14.3）．

具体的な公開鍵暗号として広く使われているものに **RSA** がある．これは1978年に米国マサチューセッツ工科大学の Rivest, Shamir, Adleman の 3 人が考案したもので，名前はその頭文字を取っている．RSA は素数の数学的な性質を利用したものである．RSA のアルゴリズムを図 14.4 に示す．公開鍵の要素である n を素因数分解して素数 p, q を見付けるのには，n が大きな数の場合は膨大な計算時間が掛かる．n を大きく取っておけば，公開鍵から個人鍵（その要素 d）を見付けることは実用上できなくなる．二つの素数は 1024 ビット以上のものが用いられる．

(4) 認証

本物であることの確認を**認証**（**authentication**）という．ここでは通信する相手が正しい本人であることの確認（本人認証）について述べる．安全でない通信路の上で認証を行うのは簡単でない．最も簡単な認証はパスワード（合言葉）であるが，通信の途中でパスワードを盗まれて，後でそれを利用されてしまう危険性がある．

秘密鍵暗号を用いて認証を行うには，第三者機関を介在させる，という方式がとられる．これは運用が大変になる．

公開鍵暗号を利用することにより，2 者間での認証が可能になる．サーバの公開鍵を利用して，ユーザの ID とパスワードを暗号化して送ることにより，ユーザの認証ができそうである．しかしこれは，途中で盗聴して，後でそれを再生してサーバに送るという攻撃により，なりすましができてしまう（図 14.5(a)）．この点を解決した手順を同図 (b) に示す．これは認証後の通信で使う秘密鍵暗号の鍵の交換も含んでいる．公開鍵暗号はオーバヘッドが大きいので，認証が済んだ後の一般メッセージのやり取りは，オーバヘッドの小さい秘密鍵暗号で行うようにするためである．ユーザ ID とパスワードは使い捨ての秘密鍵で暗号化されているので，再生攻撃に対して安全である．なお，ユーザは正しいサーバの公開鍵を知っていることが前提になる．セキュア・シェルではユーザが最初にサーバに接続したとき，サーバから公開鍵が送られてくるが，何らかの方法でその正しさを検査する必要がある（これが偽サーバからのもの

14.3 暗号技術とその利用

〔準備〕
1. 大きな素数 p, q を選ぶ.
2. 次の計算をする.
   $n = p \times q$
   $z = (p-1) \times (q-1)$
3. z と互いに素な（共通の約数を持たない）数 d を選ぶ.
4. 次の式を満たす e をさがす.
   $e \times d = 1 \bmod z$（mod はモジュロ計算で，$e \times d$ を z で割ると余りが1）

〔暗号化と復号化〕
平文を P（ただし P < n となるように文を分割したもの）とする.
暗号化：暗号文 $C = P^e \pmod{n}$
復号化：平文 $P = C^d \pmod{n}$
（暗号化と復号化の関数は互いに逆関数となることが証明されている.）

〔鍵〕
公開鍵：(e, n)
個人鍵：(d, n)

図 14.4 公開鍵暗号RSAのアルゴリズム

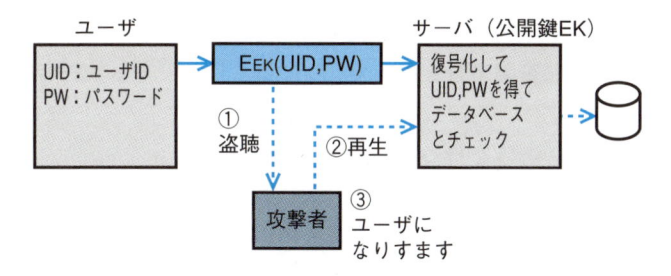

(a) 再生攻撃に対する脆弱性

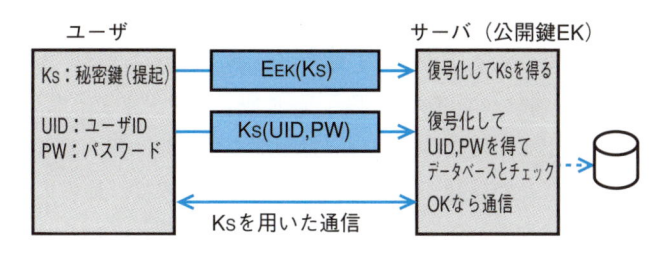

(b) 脆弱性を解決した手順

図 14.5 パスワードによるユーザ認証

だった場合，ユーザIDとパスワードが盗まれてしまう結果になる）．

2者の両方が公開鍵を持っている場合は，パスワードのような秘密の情報を送ることなく，認証ができる．この手順を図14.6に示す．公開鍵で暗号化したものは正しい相手だけが復号化できることを利用して，相互の認証ができる．

(5) **デジタル署名（電子署名）**

通常の文書では，その文書が正しい本人によって作成されたものであることを証明するのに，署名や印鑑が用いられる．しかし，電子文書では，署名や印影は完全に複製可能（デジタルだから）であるため，使えない．電子文書への署名は暗号技術を用いて行われ，**デジタル署名**または**電子署名**と呼ばれる．

デジタル署名は，次の要件を満たすものである必要がある．
- メッセージの作成者が正しい本人であることを，受領者が確認できる．
- 原作成者以外が，メッセージをねつ造または改ざんできない．
- 原作成者が，後でメッセージを否認（自分が送ったものでないという）できない．

デジタル署名を秘密鍵暗号を用いて行うには，信頼できる第三者機関が必要になる．

公開鍵暗号が次の特性を持つ場合，

$$E_{E_K}(D_{D_K}(P)) = P$$

すなわち，先に個人鍵を用いて変換したものを，公開鍵を用いて復号化できるという特性を持つ場合（RSAはこれを持つ）には，うまくデジタル署名が行える．これを図14.7に示す．メッセージの署名は，メッセージを自分の個人鍵で変換することにより行う．署名されたメッセージ（個人鍵で封印されたメッセージと考えても良い）を受け取った側では，署名者の公開鍵で復号化し（封印を開けると考えて良い），元のメッセージを取り出す．うまく開封ができて，メッセージが取り出せた場合，そういう封印ができるのは個人鍵を持っている署名者だけであることが確認できる．個人鍵は秘密なので，他の人はねつ造や改ざんができない．なお，署名されたメッセージを保管しておくことにより，それを作成できたのは署名者だけであることの証拠にできる（否認の対策）．

なお，メッセージ全体を署名のために変換するのでなく，メッセージを縮めてダイジェスト版（**メッセージ・ダイジェスト**）を作り，その部分だけを署名のために変換する方法も行われる．あるメッセージと同じダイジェストになる

14.3　暗号技術とその利用

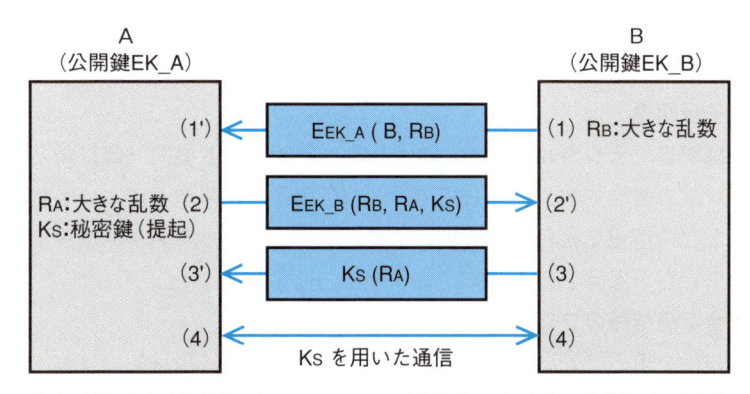

```
    A                                                    B
(公開鍵EK_A)                                        (公開鍵EK_B)

              (1')  ←──[ E_{EK\_A}(B, R_B) ]──  (1)    R_B：大きな乱数

R_A：大きな乱数 (2) ──[ E_{EK\_B}(R_B, R_A, K_S) ]→ (2')
K_S：秘密鍵（提起）

              (3')  ←──[ K_S(R_A) ]──           (3)

              (4)  ←──── K_S を用いた通信 ────→ (4)
```

(1') Aだけがこれを復号化できる．
　　Aにとって,これはBから来た保証はない．

(2) Aは受け取った乱数と，そのとき生成した乱数および秘密鍵を，Bの公開鍵で暗号化して返す．

(3') Aは自分が送った乱数が正しく戻って来たことから，相手が正しいBであることを知る．

(1) まずBから，自分の名前と，そのとき生成した大きな乱数（チャレンジ）とを，Aの公開鍵で暗号化してAに送る．

(2') Bだけがこれを復号化できる．
　　Bは自分が送った乱数が正しく戻って来たことから，相手が正しいAであることを知る．

(3) 自分が正しいBであることを知らせるために，受け取ったAの乱数を暗号化してAに送り返す．

(4) 以降の通信には秘密鍵暗号を用いる．

図 14.6　公開鍵を用いた認証（相互に認証）

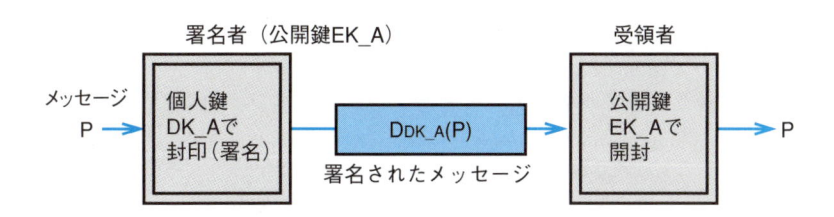

```
        署名者（公開鍵EK_A）                       受領者

メッセージ    ┌─────────┐                    ┌─────────┐
   P    →   │個人鍵    │ ──[ D_{DK\_A}(P) ]→ │公開鍵   │ → P
            │DK_Aで   │    署名されたメッセージ │EK_Aで  │
            │封印（署名）│                    │開封     │
            └─────────┘                    └─────────┘
```

図 14.7　公開鍵暗号を用いたデジタル署名

ような別のメッセージを見付けることが困難であるような縮め方（一方向のハッシュ関数）が知られており，この方法で，作成者の確認，偽造・改ざんの防止ができる（**図14.8**）．これを**メッセージ認証**と呼ぶ．メッセージ・ダイジェストの長さは 128 ビットまたはそれ以上のものが使われている．

(6) 電子証明書

　電子証明書（**デジタル ID** とも呼ばれる）とは第 3 者機関（**認証局**という）が認証対象の組織や個人に対して発行した証明書で，組織や個人の名称，その公開鍵などの情報を含む．証明書には認証局のデジタル署名があり，それで証明書の正しさが保証される．

(7) 安全な通信路のプロトコル

　暗号技術を用いて安全な通信路を提供するための，汎用目的のプロトコルについて述べる．なお，特定用途のための技術としてはセキュア・シェル（12 章参照）や仮想私設網（VPN）（15 章参照）などがある．

　IP セキュリティ・プロトコル（IPsec）　プロトコル階層の IP 層のレベルで暗号化などを行うものである．IPv6 においては拡張ヘッダの一部として位置付けられている．パケットの改ざん防止のためのメッセージ認証機能と，パケット内容の秘匿のための暗号化機能を持つ．

　セキュア・ソケット層（SSL）　インターネット上で暗号化された情報を送るための汎用的なプロトコルとして**セキュア・ソケット層**（**Secure Socket Layer，SSL**）がある．SSL はトランスポート層とアプリケーション層の中間に位置し，次の機能を持つ．

●電子証明書とデジタル署名によるサーバ（およびオプションでクライアント）の認証

●暗号化による通信データの秘密保持

　SSL はウェブ・サーバとウェブ・ブラウザでサポートされている．ウェブ・サーバと SSL を用いた通信を行う場合，まずブラウザはサーバから送られてきた電子証明書の内容に基づき，相手が証明書通りの組織であることを認証する．その後暗号化された通信を行う．SSL によるサーバへのアクセスでは，URL のプロトコル種別が http でなく **https** となる（なお，SSL の応用例を 15 章で述べる）．

14.3 暗号技術とその利用

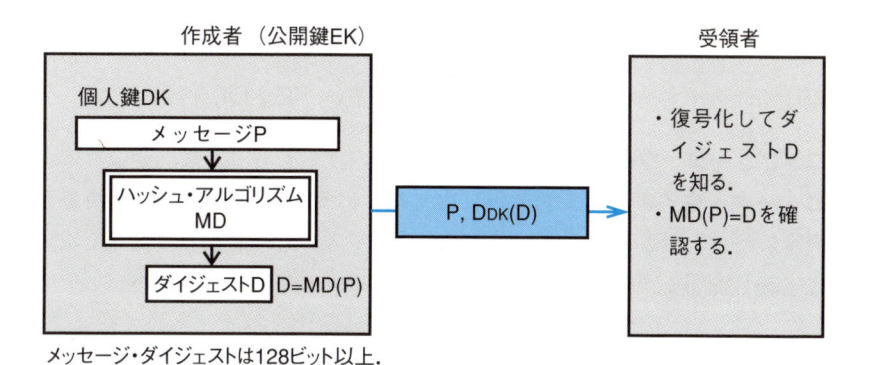

作成者（公開鍵EK）
- 個人鍵DK
- メッセージP
- ハッシュ・アルゴリズム MD
- ダイジェストD　$D = MD(P)$

メッセージ・ダイジェストは128ビット以上．

$P, D_{DK}(D)$

受領者
・復号化してダイジェストDを知る．
・$MD(P) = D$ を確認する．

図14.8 メッセージ認証

14.4　不正プログラム

不正プログラムとは利用者の意図しないふるまいをする，意図的に作られた悪質なプログラムであり，**有害プログラム**ともいう．以前はフロッピー・ディスクなどでプログラムやデータをやりとりするときにシステムに入り込んだ．今ではインターネット経由で入り込むことが多い（図 14.9）．

コンピュータ・ウイルス　不正プログラムのうちでもっとも厄介なものが**コンピュータ・ウイルス**（または単に**ウイルス**）である．1995 年に通商産業省（当時）から告示された「コンピュータウイルス対策基準」ではこれを次のように定義している．

> 第三者のプログラムやデータベースに対して意図的に何らかの被害を及ぼすように作られたプログラムであり，次の機能を一つ以上有するもの．
> (1)　**自己伝染機能**
> 　自らの機能によって他のプログラムに自らをコピーまたはシステム機能を利用して自らを他のシステムにコピーすることにより，他のシステムに伝染する機能
> (2)　**潜伏機能**
> 　発病するための特定時刻，一定時間，処理回数等の条件を記憶させて，発病するまで症状を出さない機能
> (3)　**発病機能**
> 　プログラム，データ等のファイルの破壊を行ったり，設計者の意図しない動作をする等の機能

ウイルスは電子メールの添付ファイルに付着してやってくることが多い．そういう添付ファイルを開くと，コンピュータが感染してしまう．すなわち，ウイルスがシステムのどこかに入り込む．その後，何らかの契機でウイルスが動き，他のシステムに伝染し，また発病して悪質な振舞いをする（図 14.10）．悪質な振舞いの例として，システムの動作を混乱させるかまたは動かなくする，ファイル破壊，システムの情報を盗んでどこかに送る，などがある．伝染は，電子メールのアドレス帳やキャッシュされたウェブ・ページの中で見付けた電

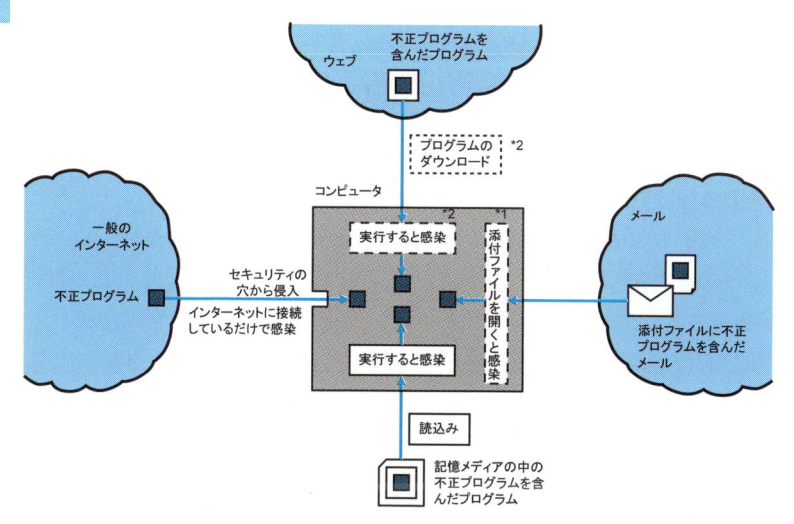

14.4 不正プログラム

図 14.9 不正プログラムの主な感染経路

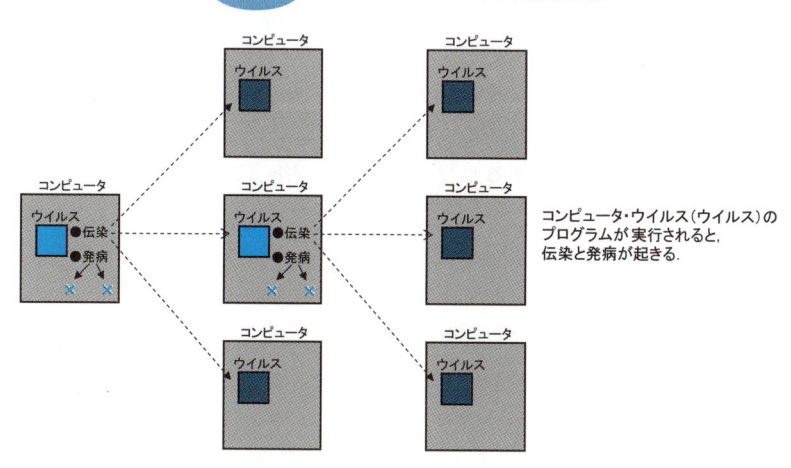

*1 セキュリティの穴があると，添付ファイルを開く動作をしなくても感染することがある．
*2 セキュリティの穴があると，ダウンロードの指示をしなくても感染することがある．

図 14.10 コンピュータ・ウイルスの伝染と発病

コンピュータ・ウイルス（ウイルス）のプログラムが実行されると，伝染と発病が起きる．

子メール・アドレス宛に，自分の複製を含んだメールをばらまくことが多い．すなわち，感染したコンピュータが，二次の感染源になる．特にシステムの保護機能が弱いパソコンが狙われることが多い．

なお，不正プログラムのうちで自分を複製する機能を持たないものを**トロイの木馬**と呼んで，コンピュータウイルスと区別することもある．

安全上の抜け穴から入り込む不正プログラム　製品の不良（バグ）などに由来するシステムの安全上の抜け穴（**セキュリティの穴**，security hole）から入り込んでくる不正プログラムがある．たとえば普段は使われていない TCP や UDP のポートに対する処理に不良があった場合，そのポート宛にメッセージを送り，不良を利用してシステムに侵入する，ということがあり得る．そのような場合，コンピュータをインターネットに接続しただけで，不正プログラムに侵入されてしまう（前頁図 14.9 の中に示す）．このようなものは**ネットワーク・ウイルス**とも呼ばれる．

不正プログラム対策　インターネットに接続されているコンピュータは，次の三つの対策を行うことが望ましい．

- **製品を不良対策版に更新する**：製品の不良が見付かると，そこを狙った不正プログラムが作られ，ばらまかれることがある．特にオペレーティング・システムなどは常に最新の不良対策版に更新し，セキュリティの穴をふさいでおくべきである．
- **ワクチン・ソフトを使用する**：**ワクチン・ソフト**とは，コンピュータの外部から来た情報の中にウイルスが潜んでいないかどうかをチェックし，それを検出したら削除等の動作をするプログラムである．ワクチン・ソフトが機能するためにはウイルス検出用の**パターン・ファイル**が必要であり，最新のパターン・ファイルを常に取り込んでおく必要がある．ワクチン・ソフトには，LAN と外部ネットワークとの間に位置するファイアウォールの一部として置かれるものと，個別のコンピュータの中に置かれるものとがある．
- **ファイアウォールを設置する**：コンピュータと外部ネットワークとの間にファイアウォールを設置し，望まない通信は入口でシャットアウトする．これについては次節で述べる．

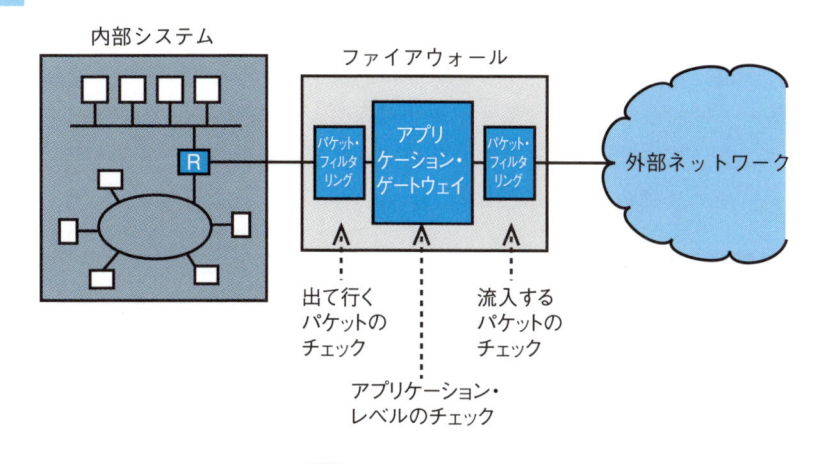

図 14.11 ファイアウォール

14.5　ファイアウォール

ネットワークにつながった外界からシステムを守るのに**ファイアウォール**（防火壁）が用いられる．ファイアウォールは内部システムとネットワークとの間に位置し，外部から入ってくるすべての情報および外部へ出て行くすべての情報はここを通り，チェックされる．不適当な情報は通行を阻止される（前頁図14.11）．次の3種類のチェックが行われる．

> ① **外部から流入するパケットのチェック**：外部から入ってくるパケットのIPヘッダとTCP/UDPヘッダの情報（送信元および宛先のIPアドレス，ポート番号など）をチェックする．たとえば設定により，外部からのアクセスは特定ポート番号のサービスに限り，その他を禁止することができる．これを**パケット・フィルタリング**という．
> ② **外部へ出て行くパケットのチェック**：内部システムから外に出て行くパケットのパケット・フィルタリングを行う．
> ③ **アプリケーションレベルのチェック**：**アプリケーション・ゲートウェイ**にてアプリケーションに即したデータ内容のチェックを行う．たとえば電子メールやウェブ・アクセスの際に入り込むウイルスの検出・削除などがある．

なお，パケット・フィルタリング機能を持つルータもある．

また，個別のコンピュータ内にソフトウェア的に構成される簡易的なファイアウォールもある（**パーソナル・ファイアウォール**などと呼ばれる）．

第15章
社会生活におけるネットワーク利用の拡大

　ネットワークにより，私たちの社会生活も大きく変化しつつある．ネットワークを私たちの生活を豊かにするための道具として有効に役立てるために，ネットワーク利用のルールの確立が，全体としても，また利用者一人一人にとっても必要である．

15.1　通信基盤としての利用
15.2　電子商取引
15.3　仮想組織
15.4　ネットワークの健全な発展に向けて

15.1 通信基盤としての利用

コンピュータ・ネットワーク，特にインターネットの進歩により，これが一般の通信基盤としても利用されるようになってきている．その例を示す．

IP 電話　インターネットのパケット技術（IP 技術）を利用して電話サービスを提供するものを **IP 電話**という．ネットワークそのものはインターネットを使うのではなく，専用の IP 網を使う．従来の電話（固定電話）と同等の品質を，より低コストで実現できる．なお，インターネットを利用して電話音声を送るものは**インターネット電話**と呼ばれ，品質は保証されない．

IP 電話で用いられる技術は VoIP（Voice over IP）と呼ばれる．符号化された音声は RTP（Real-time Transport Protocol）を用いて UDP/IP 上を運ばれる．

VPN　企業などでイントラネットを広域化したいという要求がある．このために，インターネット（またはネットワーク業者が提供する通信サービス）上に仮想的な私設網を構築する **VPN**（**Virtual Private Network**，**仮想私設網**）が利用されている．VPN は本社，支社，工場などの LAN を VPN 装置を経由して相互に結ぶことにより実現する（図 15.1）．VPN 装置はパケットのカプセル化，暗号化などの機能を持つ．VPN 装置間ではイントラネットで使われているパケットにさらに別の IP ヘッダを付加して（カプセル化して）通信することにより，広域網上にイントラネット用の通信路を実現している（これを**トンネリング**という）．また，パケットの暗号化とメッセージ認証により，インターネット上での盗聴と改ざんを防止する．VPN では IPsec などのプロトコルが用いられている．

15.2 電子商取引

電子商取引の特徴　ネットワークの社会活動への応用として実用化が広がっているのが，ネットワークを利用しての商品の販売，企業間の取引，銀行との取引などの商業活動である．それを**電子商取引**（**Electronic Commerce**（**EC**）または **Web Commerce**）という．電子商取引は次のような特徴を持つ．

15.2 電子商取引

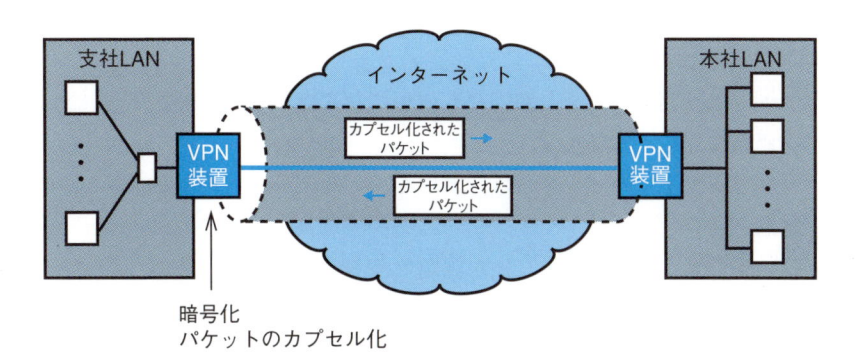

図15.1 インターネット上のVPN（仮想私設網）の概念

- ネットワーク利用により，効率の良いビジネス（低コスト，短納期など）が可能になる．ネットワーク上での商品販売を伴わなくとも，企業間取引，銀行との取引，顧客サービスなどでも，ネットワーク利用が有効である．
- ネットワーク上でのビジネスは参入コストが小さい（店舗などが不要）．ビジネスを始めやすい．
- ネットワーク利用により，顧客にも便利になる点が多い．居ながらにして買える，価格の比較が容易など．
- ネットワーク上でのビジネスは，国境を越えたグローバルなビジネスへの対応が容易．
- 通信の安全性（セキュリティ）が課題である．
- 支払い方法（お金の扱い）も課題である．

電子商取引のシステム構成　ネットワークを利用して商品の販売を行う場合のシステム構成の例を図 15.2 に示す．ネットワーク上の店舗に相当するものが**商取引サーバ**である．その中のウェブ・サーバが店頭に相当し，ウェブ・ページが商品カタログになる．顧客からの注文受付はウェブ・ページのフォーム機能，分散オブジェクト技術による通信機能，あるいはウェブ・サービス技術を用いる．受け付けた注文は事務所システム（店の奥の事務所に相当）に渡され，支払いについて金融機関との通信が行われ，また商品の発送について倉庫または宅配業者との通信が行われる．これらの過程がオンラインで即座に行われるため，効率が良い．

このような電子商取引を実現する上で，通信プロトコルについて，安全性と標準化が課題となる．安全性のために，サーバの認証や，通信データの暗号化などが必要であり，セキュア・ソケット層（SSL）が広く利用されている．商取引プロトコルの標準化は，分散オブジェクト技術やウェブ・サービス技術に基づく標準取引手順の標準化と，商取引で交換されるデータの形式（取引の伝票に相当）の標準化の二つが必要である．後者のためには XML ベースの表現形式が広がっていこう．

電子マネー　電子商取引では通常のお金を使うことはできないので，**電子マネー**が必要になる．電子マネー，すなわち代金の決済方法にはいろいろな種類がある．

15.2 電子商取引

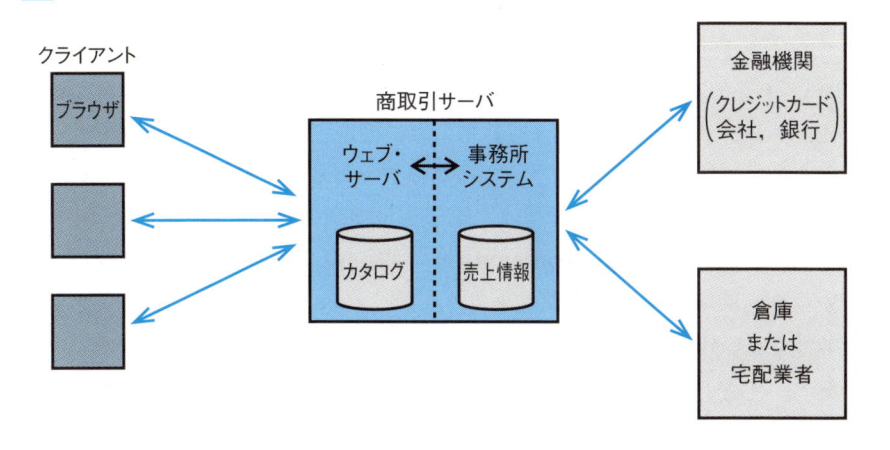

図 15.2 電子商取引（商品販売）のシステム構成例

(1) 支払い指示型

　代表的なものはクレジットカードの利用である．クレジットカードの番号をそのままインターネットで送るのは危険なので（従ってやるべきでない），セキュア・ソケット層（SSL）による暗号化した通信が利用されている．クレジットカード情報を受け取ると，商取引サーバはクレジットカード会社に連絡して，クレジットの残高などをチェックする（図 15.3 (a)）．なお，クレジットカードを使った電子決済の標準プロトコルとして **SET**（**Secure Electronic Transaction**）が定められており，今後広がっていこう（同図 (b)）．クレジットカードで支払った後のクレジットカード会社からの代金の請求は，普通にクレジットカードを使った場合と同じになる．なお，日本ではクレジットカード会社への支払いは自動引落しであるが，米国などでは小切手を切って支払うのでより確実である．

　銀行，郵便局，またはコンビニエンスストアを利用した振込みも支払い指示型といえるが，完全なオンライン・ショッピングにはならない．

(2) IC カード型

　IC を埋め込んだカード（スマートカードとも呼ばれる）に金額情報などを記憶させ（事前にお金を入金することによる），支払い時にカードからお金を引き出す方法である．オンライン・ショッピングをする端末に IC カードの読取り装置が必要である．（なお，IC カード型の電子マネーは，通常の店での利用や交通カードとしての利用が広がっている．）

(3) ネットワーク型

　ネットワーク内に電子情報としてお金に相当する情報が存在し，支払いはその電子情報で行う．その電子情報には銀行のデジタル署名が付いているなど，安全性を暗号技術に頼っている．

15.3　仮想組織

　ネットワークが社会生活に及ぼす影響の大きなものに，ネットワークを利用した組織やコミュニティの出現がある．ネットワークをベースに実現されるということで**仮想組織**（virtual organization）と呼ばれる．ネットワークは人間

15.3 仮想組織　　　　　　　　　　　　　　　　　197

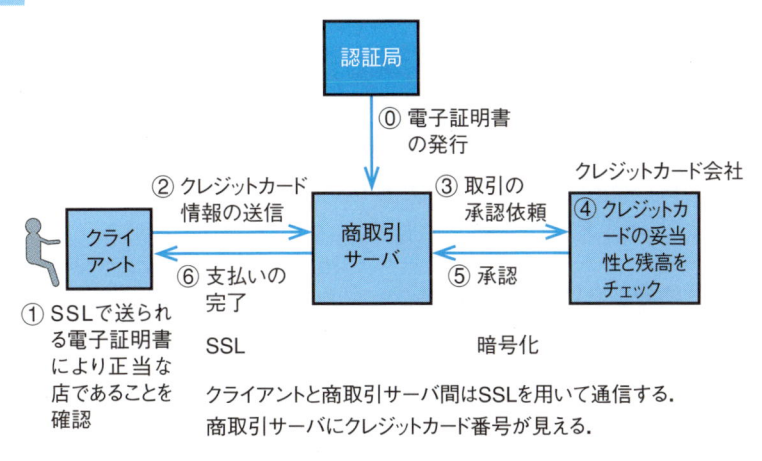

```
                        ┌──────┐
                        │認証局│
                        └──┬───┘
                           │ ⓪ 電子証明書
                           │    の発行
                           ▼
                                              クレジットカード会社
           ② クレジットカード      ③ 取引の      ┌──────────┐
              情報の送信            承認依頼      │④ クレジットカ│
    ┌─────┐ ────────────▶┌─────┐────────────▶│   ードの妥当 │
    │クライ│              │商取引│              │   性と残高を │
 👤 │アント│              │サーバ│              │   チェック   │
    └─────┘ ◀────────────└─────┘◀────────────└──────────┘
           ⑥ 支払いの              ⑤ 承認
              完了
① SSLで送られ
   る電子証明書        SSL                    暗号化
   により正当な
   店であることを  クライアントと商取引サーバ間はSSLを用いて通信する．
   確認            商取引サーバにクレジットカード番号が見える．
```

(a) SSLを用いた場合

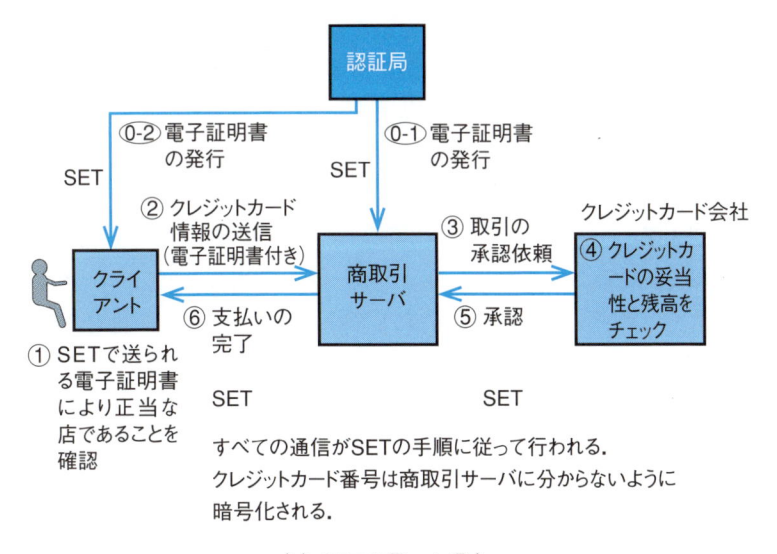

```
                        ┌──────┐
                        │認証局│
                        └──┬───┘
         ⓪-2 電子証明書       │ ⓪-1 電子証明書
             の発行           │      の発行
             SET             │ SET
                              ▼
                                              クレジットカード会社
           ② クレジットカード      ③ 取引の      ┌──────────┐
              情報の送信            承認依頼      │④ クレジットカ│
              (電子証明書付き)                    │   ードの妥当 │
    ┌─────┐ ────────────▶┌─────┐────────────▶│   性と残高を │
    │クライ│              │商取引│              │   チェック   │
 👤 │アント│              │サーバ│              │              │
    └─────┘ ◀────────────└─────┘◀────────────└──────────┘
           ⑥ 支払いの              ⑤ 承認
              完了
① SETで送られ
   る電子証明書      SET                      SET
   により正当な
   店であることを  すべての通信がSETの手順に従って行われる．
   確認           クレジットカード番号は商取引サーバに分からないように
                  暗号化される．
```

(b) SETを用いた場合

図 15.3 クレジットカードによる電子商取引の支払い

同士のコミュニケーションのための強力な道具であることを考えると，それをベースにした人間同士のつながりができるのは当然でもある．このような組織は，ネットワークの特徴から，距離の制約がない，という利点を持つ．しかし，コミュニケーションがネットワークを介した間接的なものであることから，緊密なコミュニケーションは難しい，という欠点もある（ただし，これは技術の進歩とともに，様子が変わってくるだろう）．なお，仮想（バーチャル）の考え方について図 15.4 参照．

> (1) **企業活動における仮想組織**
> 　企業にとっては，競合力の維持のために，ネットワークによる効率化は避けて通れない．すでに電子メールやイントラネットは，企業活動のために無くてはならない道具になってきている．今後，ネットワーク利用によりオフィスが仮想オフィス化してきて，遠隔地の小オフィス，在宅勤務，さらに移動オフィスなどが可能になろう．組織構成においても，ネットワークを前提にして，離れた場所にいる人々がチームを作る仮想チームなども出てこよう．さらに，複数の企業がネットワークを利用して協力関係を作り，一つの**仮想企業**として活動することも検討されている．将来は，従業員，取引先，市場などが特定の地域に制約されない企業組織というものが当り前になる可能性がある．
>
> (2) **仮想大学**
> 　学校に登校することなしに，ネットワークを利用した仮想的な学校，仮想的な教室で教育を行うことも始まっている．ネットワーク利用のために，先生と学生との直接的なコミュニケーションが難しい面と，逆にネットワークの活用により，個人別のコミュニケーションがしやすい面とがある．
> 　仮想的な学校は今の学校の代わりというより，今までいろいろな制約で登校して勉強するということが難しかった人に教育の機会が与えられる（たとえば働きながら学ぶ），ということに意味があろう．
>
> (3) **ネットワークを介したサービス**
> 　ネットワークを介して利用者にサービスを提供している組織も仮想組織の一種と考えられる．電子的に商品を販売する仮想商店・仮想商店街はすでに作られている．また，情報提供を仕事とする仮想美術館や仮想図書館

15.3 仮想組織

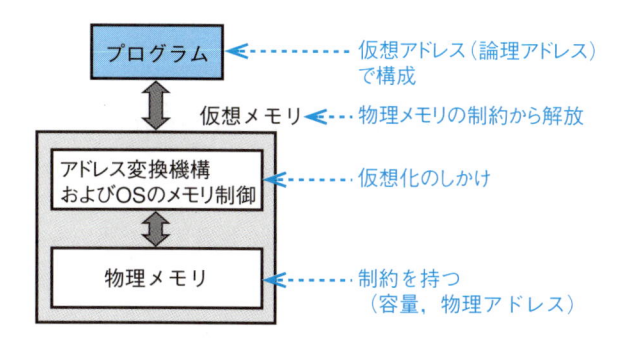

(a) 仮想の考え方の始まり：仮想メモリ

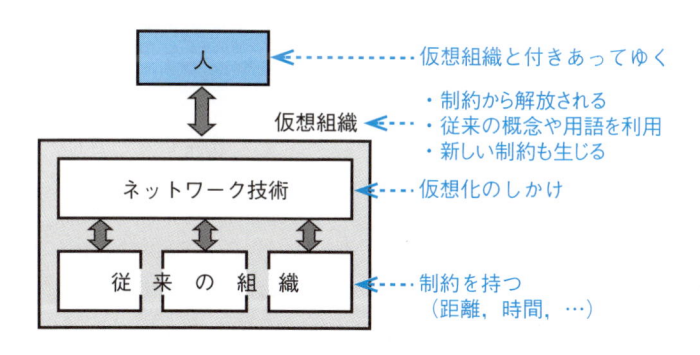

- プログラム ← 仮想アドレス（論理アドレス）で構成
- 仮想メモリ ← 物理メモリの制約から解放
- アドレス変換機構およびOSのメモリ制御 ← 仮想化のしかけ
- 物理メモリ ← 制約を持つ（容量，物理アドレス）

(b) ネットワークが実現する仮想組織

- 人 ← 仮想組織と付きあってゆく
- 仮想組織 ← ・制約から解放される
  ・従来の概念や用語を利用
  ・新しい制約も生じる
- ネットワーク技術 ← 仮想化のしかけ
- 従来の組織 ← 制約を持つ（距離，時間，…）

- 仮想とは，従来の実体にあった制約を取り除いた新しい実体である（架空のものではない）．
- 従来のものと混同しない注意も必要（従来の概念や用語を拡張利用することが多いので混同しやすい）．

図15.4 仮想の考え方：仮想（バーチャル）とは新しい実体である

（デジタル・ライブラリ）もでき始めている．今後このような仮想組織はさらに増えていくだろう．

15.4 ネットワークの健全な発展に向けて

ネットワーク利用時の留意事項について述べる．

著作権 著作権は著作物の作成者の権利を保護するためのもので，英語では **copyright** というように，著作物の勝手なコピーを禁ずるものである．ただし，著作物のコピーが許される範囲もある．

ネットワーク上の他人の著作物（ホーム・ページ，ダウンロードしたプログラムなど）を利用する上で，次のような注意が必要である．
- 著作物に付されている利用上の制限事項をよく確認する．
- 自分が作成しようとしている著作物の一部に取り込まない．
- 利用上の不明点は相手に確認する．

また，自分が作成した著作物をネットワーク上で公開するときは，利用上の条件などを先頭に明記するのが良い．

表現の自由／妥当性 インターネットにおいて，表現の自由に絡む問題がちょくちょく出てきている．インターネットは公共の場であり，また職場や大学の LAN も多くの人が共有する空間である．ネットワーク上で公開する情報は，広い範囲の人が見るものであり，表現の妥当性についての注意が必要である．

ルールの確立へ ネットワークは社会生活の中に浸透してきている．特にインターネットは，実験ネットワークが世界に広まったという成り立ちから，うるさいルールが無いということは危うさではあるが，誰かに管理や統制されているものでないということは貴重である．今後，利用者自身が，利用者全体の幸福のために，ネットワーク利用のルールを確立していくことが望まれる．そのために，利用者自身が利用の哲学を持つことが必要だと思う．

参 考 図 書

[1] A・S・タネンバウム著，（水野忠則，相田仁，東野輝夫，太田賢，西垣正勝訳），コンピュータネットワーク，第4版，日経BP社（2003）
[2] ダグラス・E・カマー著，（水野忠則，宮西洋太郎，佐藤文明，渡辺尚訳），コンピュータネットワークとインターネット，プレンティスホール出版（1998）
[3] 村山優子著，ネットワーク概論，ライブラリ新情報工学の基礎＝7，サイエンス社（1997）
[4] 笠野英松監修，マルチメディア通信研究会編，インターネットRFC事典，アスキー出版局（1998）
[5] 笠野英松著，インターネットRFC事典 増補版，アスキー（2002）
[6] 内田勝也，高橋正和著，有害プログラム－その分類・メカニズム・対策，サイバーセキュリティ・シリーズ2，共立出版（2004）

索 引

欧 字

ADSL 54
AES 178
AM 52
ARPA 108
ARPANET 108
ASCII 16
ATM 37
ATM 74
Base64符号化 128
BGP 94
bps 8
Bチャネル 52
CGI 148
copyright 200
CORBA 164
CRC方式 60
CSMA/CD方式 70
DCOM 166
DES 178
DHCP 116
DNSサーバ 120
DSL 54
DSU 54
Dチャネル 52
EC 192
EUC 18
EUC-JP 18
FDDI 37
FDDI 74
FDM 50
Fiber To The Home 110
FM 52
FTP 152, 154
ftpコマンド 152

FTTH 28, 56, 110
Gbps 8
GIF 20
HDLC 62
HTML 140
HTML 149
　——エディタ 148
http 144
HTTP 146
https 184
IANA 114
ICカード 196
IDL 166
　——コンパイラ 166
IEEE 68
IEEE802.11a 76
IEEE802.11b 76
IEEE802.11g 76
IEEE802.3 68
IMAP4 130
INS 52
internet 80
Internet 108
Internet Explorer 141
IP 86
IPsec 184
IPv4 86
IPv6 86
IPアドレス 86, 114
IPセキュリティ・プロトコル 184
IP電話 192
ISDN 37, 52
ISO 16
ISO/IEC 10146 140
ISO/IEC 10646 18

ISO 8859-1 16, 140
ISO-2022-JP 18, 128
ISP 108
Java RMI 166
Java（言語） 149, 166
Java遠隔メソッド呼出し 166
Java仮想マシン 168
JIS 16
JIS X 0201 18
JIS X 0208 16
JIS X 0212 16
JPEG 22
JPNIC 114
kbps 8
LAN 36, 66
　——アダプタ 32, 66, 113
　——カード 66
Latin-1 17
MACアドレス 66
Mbps 8
MIDI 22
MIME 126
Mosaic 144
MP3 22
MPEG 24
MPEG-1 24
MPEG-2 24
MPEG-4 24
NAPT 116
NVT 156
OMG 164
OpenSSH 156
OSI 46
　——の参照モデル 47

索　引

OSPF　94
PM　52
POP3　130
　　——クライアント　130
　　——サーバ　130
PPP　62
PPPoE　116
RFC　46
RIP　92
RMI　166
RPC　162
RS-232-C ケーブル　36
RSA　180
RTP　192
SET　196
sftp コマンド　156
SGML　168
SLIP　64
SMTP　128
　　——クライアント　130
　　——サーバ　130
SNA　46
SOAP　170
SSH　156
ssh コマンド　156
SSL　184, 196
SVGA　21
TA　54
TCP　100
TCP/IP　86, 100
TDM　50
TELNET　154, 156
telnet コマンド　154
UCS　18
UDP　104
Unicode　18
Uniform Resource Identifier　142

URI　142
URL　142
VGA　21
VoIP　192
VPN　192
WAN　36
WEP　76
WWW　138
X.25　88
　　——パケット網　37
XGA　21
XHTML　142
XML　168
　　——文書　170
1000Base-X　72
100Base-FX　72
100Base-T　72
100Base-TX　72
10Base2　70
10Base5　70
10Base-T　72
10 ギガビット・イーサネット　72
2 地点間プロトコル　62

あ 行

合言葉　180
アーキテクチャ　6
アクセスポイント　76
アクセス方式　66
アドレス　66, 80, 124, 142
　　——帳　134
アナログ網　36
アプリケーション・ゲートウェイ　190
アプリケーション・プロトコル　96
アプレット　149, 166

誤り検出　58
誤り制御　58
誤り訂正　58
　　——符号　60
アンカー・タグ　142
暗号化　176
　　——鍵　176
暗号文　176, 176
安全性　134, 156, 174
安全な接続　176
イエロー・ケーブル　68
イーサネット　7, 37, 68
移植性　104
位相変調　52
インターネット　80, 108
　　——・アドレス　86
　　——接続事業者　108
　　——電話　192
　　——・ドメイン　118
　　——・プロトコル群　46
　　——ワーク　80
　　——・プロトコル　80
インタフェース定義言語　166
イントラネット　122
ウイルス　186
ウィンドウ・サイズ　102
ウェブ　138
　　——・サーバ　138
　　——・サービス　170
　　——・ドキュメント　138
　　——・ページ　138, 142
　　——・メール　150
映像　24
遠隔手続き呼出し　162
遠隔メソッド呼出し　164
応答　162
応用層　44
オブジェクト指向　164

索引

オブジェクト・リクエスト・ブローカ　166
オープン最短経路優先プロトコル　94
音楽　22
音声　22
オンライン・ショッピング　196

か　行

回線交換　82
開放型システム間相互接続　46
換字式暗号　178
拡張可能マークアップ言語　168
確認応答　58
　　——番号　102
画素　20
画像　20
仮想　198
　　——オフィス　198
　　——企業　198
　　——私設網　192
　　——組織　196
　　——大学　198
カテゴリ5・ケーブル　28
カプセル化　82, 98, 192
ギガビット・イーサネット　72
基幹LAN　78
基幹ネットワーク　108
基本レート　52
キャラクタ同期式　56
キャリア　12
境界ゲートウェイ・プロトコル　94

共通オブジェクト・リクエスト・ブローカ・アーキテクチャ　164
共通鍵暗号　178
共通ゲートウェイ・インタフェース　148
距離ベクトル・ルーティング　92
矩形波　10
クライアント　162
　　——コンピュータ　162
　　——サーバ・システム　162
　　——サーバ方式　162
　　——プログラム　162
　　——表　88
携帯電話　30, 114
経路制御　88
検索エンジン　146
広域網　36
公開鍵　180
　　——暗号　180
公衆網　36
構内網　36
国際標準化機構　16
国際符号化文字集合　18
個人鍵　180
固定IPアドレス割当て　112
コネクション　96
コネクション型　96
　　——パケット交換　84
コネクションレス型　98
　　——パケット交換　84
コンピュータ・ウイルス　186
コンピュータ・ネットワーク　2, 4

さ　行

再生攻撃　180
最短経路ルーティング　92
サーバ　162
　　——コンピュータ　162
サービス総合デジタル網　52
サブドメイン　118
サブネット　116
　　——マスク　118
　　——ワーク　80
時系列図　58
シーケンス図　58
自己伝染機能　186
私設網　36
支払い指示型　196
シフトJIS　18
時分割多重　50
ジャンク・メール　136
周波数帯域　10
周波数分割多重　50
周波数変調　52
従来の暗号方式　178
巡回冗長検査方式　60
衝突検出型搬送波感知多重アクセス方式　70
商取引サーバ　194
情報交換用符号化漢字集合　16
情報チャネル　52
シリアル回線IP　64
シングル・スレッド　158
シングル・プロセス　158
シングルモード・ファイバ　28
信号チャネル　52
シンタクス　40
振幅変調　52

索　引

スイッチ　34, 72
スイッチング・ハブ　72
スケルトン　166
スター型　34
スタート・ビット　56
スタブ　164, 166
ストップ・ビット　56
ストリーミング　24
　——配信　150
スパム・メール　136
スレッド　158
静止画　20
生成多項式　60
生存期間　86
赤外線通信　30
セキュア・ソケット層　184, 196
セキュリティ　134, 174
　——の穴　188
セグメント　102
　——化　102
セマンティクス　40
セル　74
全2重通信　58, 158
潜伏機能　186
専用サービス　36
専用線　36, 50
相互運用性　104
相互接続　34, 36
　——性　104
送信権　160
ソケット　160
　——機能　104, 160
　——・プログラム　162

た　行

帯域　10
第一種電気通信事業者　108
対称鍵暗号　178
対等通信　158
第二種電気通信事業者　108
第2レベル・ドメイン　120
ダイヤルアップIP接続　110
対話型メール・アクセス・プロトコル　130
タグ　140, 149
　——付き言語　170
多重化　98
多重スレッド　162
ターミナル・アダプタ　54
多目的インターネット・メール拡張　126
単純メール転送プロトコル　128
断片　86
単方向通信　58
チェックサム　61
蓄積交換　82
中継　80
調歩同期式　56
著作権　200
通信回線　34, 50
通信機器　30
通信プロトコル　40
通信網　36
ティム・バーナーズ・リー　138
テキスト　24
デジタルID　184
デジタル加入者線　54
デジタル情報　14
デジタル署名　182
デジタル通信　1
デジタル・データ　14
デジタル網　36

データ圧縮　20
データグラム　84
　——方式　84
データの符号化　13
データリンク層　42
データリンク・プロトコル　56
デフォールト・ルーティング　90
電子商取引　192
電子証明書　184
電子署名　182
電子マネー　194
電子メール　123, 124
　——のマナー　136
　——用ソフトウェア　132
伝送制御手順　56
伝送制御プロトコル　100
伝送速度　8
伝送媒体　28
転置式暗号　178
電波　30
電話網　37, 50
動画　24
同期　56, 158
　——制御　56
同軸ケーブル　28
銅線　28
盗聴　174
動的IPアドレス割当て　112
動的ホスト構成プロトコル　116
トゥルーカラー　21
ドキュメント　24
トークン　74, 160
　——リング　37, 74

索引

トップレベル・ドメイン 118
ドメイン 118
——名 118
——名システム 120
トランスポート・サービス 96
トランスポート層 44
トランスポート・プロトコル 96
トロイの木馬 188
トンネリング 192

な行

ナイキストの定理 10
ナビゲーション 146
名前サーバ 120
なりすまし 174
——メール 134
日本工業規格 16
日本ネットワークインフォメーションセンター 114, 120
認証 180
——局 184, 197
ネチケット 136
ネット・サーフィン 146
ネットワーク 27
——・アーキテクチャ 6, 46
——・アドレス 82
——・ウイルス 188
——型 196
——層 44
——・プロトコル 80
——・ルーティング 90
ノード 2

は行

媒体アクセス制御副層 66
バイト・コード 166
バイト詰め 58
バイナリ符号 41
ハイパーテキスト 140
——転送プロトコル 146
——・マークアップ言語 140
——・マークアップ言語 149
ハイパーメディア 140
ハイパーリンク 138
ハイレベルデータリンク制御手順 62
パケット 84
——交換 84
——・フィルタリング 190
バス 34
——型 34
パスワード 180
パーソナル・ファイアウォール 190
パターン・ファイル 188
バーチャル 198
バックボーン 78, 108
発病機能 186
ハードウェア・アドレス 66
ハブ 68
ハミング符号 60
パリティ・チェック方式 60
パリティ・ビット 58
搬送波 12

半2重通信 58, 160
汎用JPドメイン名 120
ピア・ツー・ピア 158
——通信 158
光ファイバ 28
ピクセル 20
非対称鍵暗号 180
非対称デジタル加入者線 54
ビット詰め 58
非同期式 56
非同期転送モード 74
否認 174
秘密鍵暗号 178
表現の妥当性 200
平文 176
ファイアウォール 190
ファイル転送プロトコル 152, 154
ファイルの添付 134
ファスト・イーサネット 72
復号化 176
——鍵 176
不正プログラム 186
物理アドレス 66
物理層 42
太軸イーサネット 68
部門LAN 77
プライベート・アドレス 116
プライマリ・レート 52
ブラウザ 138, 144
ブラウジング 146
ブリッジ 32
フルカラー 21
フレーム 54, 56
——同期式 56
——・リレー 37, 54

索　引

フロー制御　58, 102
プロセス　158
プロトコル　6, 40
　——の階層構造　42
ブロードバンド　12
　——回線　110
　——・モデム　112
　——・ルータ　114
プロバイダ　108
分散アプリケーション　157, 162
分散オブジェクト　164
分散コンポーネント・オブジェクト・モデル　166
文書　24
　——の偽造　174
ページ　142
ベースバンド伝送　72
ヘッダ　14, 42
ヘッダ・フィールド　124
変復調装置　50
ポイント・ツー・ポイント接続　34
ホスト　80
　——・ルーティング　90
母線　34
細軸イーサネット　68
ホップ数　92
ポート　100, 160
　——番号　100, 160
ホーム・ページ　142, 146, 148

本人認証　180

ま　行

マイクロ波　30
マークアップ言語　170
マーク・アンドリーセン　144
マルチメディア・ドキュメント　140
マルチメディア文書　26
マルチモード・ファイバ　28
マンチェスタ符号　41
無線LAN　30, 37, 76
無線通信　30
メッシュ型　34
メッセージ交換　82
メッセージ・ダイジェスト　182
メッセージ認証　184
メール・アドレス　124
メール・サーバ　130
メールボックス　124
文字コード　16
文字詰め　58
文字テキスト　16, 24
モジュラ・ケーブル　110
モデム　32, 50, 110
モバイル通信　30

や　行

有害プログラム　186

郵便局プロトコル　130
ユーザ・データグラム・プロトコル　104
ユニコード　18, 140
要求　162
要素　168
より対線　28

ら　行

リゾルバ　120
リピータ　32
リモート・ログイン　154
リンク　2, 85, 138
リング型　34
　——状態ルーティング　94
ルータ　32, 80
ルーティング　88
　——・アルゴリズム　92
　——情報プロトコル　92
　——・テーブル　88
ローカルエリア・ネットワーク　36, 65
論理リンク制御副層　68

わ　行

ワイドエリア・ネットワーク　36
ワクチン・ソフト　188
ワールドワイドウェブ　138

著者略歴

野口　健一郎
（のぐち　けんいちろう）

1965年　東京大学工学部電子工学科卒業
1970年　東京大学大学院工学系研究科電子工学専門課程博士課
　　　　程修了　工学博士
　　　　　（株）日立製作所，日立コンピュータプロダクツ（ア
　　　　　メリカ）社を経て
1987年　神奈川大学理学部情報科学科教授
現　在　神奈川大学名誉教授

主要著書

IT Text オペレーティングシステム（オーム社）
ソフトウェアの論理的設計法（共立出版）
OSI － 明日へのコンピュータネットワーク
　　　　　　　　　　　　　（日本規格協会，共著）

ライブラリコンピュータユーザーズガイド＝4
ネットワーク利用の基礎 [新訂版]
－インターネットを理解するために－

1999年10月10日 Ⓒ	初 版 発 行
2003年12月25日	初版第5刷発行
2005年9月25日 Ⓒ	新訂第1刷発行
2016年10月10日	新訂第4刷発行

著　者　野口　健一郎　　　発行者　森平　敏孝
　　　　　　　　　　　　印刷者　杉井　康之
　　　　　　　　　　　　製本者　小高　祥弘

発行所　株式会社　サイエンス社

〒151-0051　東京都渋谷区千駄ヶ谷1丁目3番25号
　営業 ☎ (03) 5474-8500 (代)　振替 00170-7-2387
　編集 ☎ (03) 5474-8600 (代)
　FAX ☎ (03) 5474-8900

印刷　(株) ディグ　　　製本　小高製本工業 (株)
《検印省略》

本書の内容を無断で複写複製することは，著作者および
出版者の権利を侵害することがありますので，その場合
にはあらかじめ小社あて許諾をお求め下さい．

ISBN4-7819-1103-X
PRINTED IN JAPAN

サイエンス社のホームページのご案内
http://www.saiensu.co.jp
ご意見・ご要望は
rikei@saiensu.co.jp まで．